LEÇONS ÉLÉMENTAIRES

SUR

L'HISTOIRE NATURELLE

DES

OISEAUX

PAR

J. C. CHENU

MÉDECIN PRINCIPAL A L'ÉCOLE IMPÉRIALE DE MÉDECINE ET DE PHARMACIE MILITAIRES

O. DES MURS
ORNITHOLOGISTE

J. VERREAUX
NATURALISTE VOYAGEUR

TOME PREMIER — DEUXIÈME PARTIE

Chardonneret.

PARIS

LIBRAIRIE L. HACHETTE ET Cie

BOULEVARD SAINT-GERMAIN, 77

—

1862

S

CINQUIÈME LEÇON

Suite des organes de la voix et du chant. — Conservation de l'espèce. — Organes reproducteurs.

La présence des sacs aériens dont nous avons parlé dans la leçon précédente permet de dire que le corps de l'oiseau est un ballon rempli d'air et muni d'un appareil locomoteur. C'est à cette pneumaticité, si exceptionnelle dans la série zoologique, que doit être attribuée, sans aucun doute, la difficulté que l'on éprouve à faire mourir certains oiseaux par la compression de la trachée artère. Dans cette lutte suprême de l'instinct de conservation contre la mort, ils emploient toute l'énergie et toutes les ressources de leur riche constitution; et ce n'est qu'après de longs et de persistants efforts qu'ils succombent. Nous n'en citerons qu'un curieux exemple, rapporté par de Humboldt.

Ce savant voyageur vit un jour des Indiens qui cherchaient à tuer un Condor qu'ils avaient pris vivant. Après lui avoir serré un lazzo autour du cou, ils le pendirent à un arbre et le tirèrent par les pieds, pendant plusieurs minutes, avec une vigueur qui

cût fait honneur à un bourreau. Lorsque l'exécution parut terminée, on détacha le lazzo; l'oiseau se redressa sur ses pieds et
se mit à marcher, comme si rien ne lui fût arrivé. On lui tira
alors plusieurs coups de pistolet presque à bout portant; il reçut
trois balles dans le cou, dans la poitrine et dans le ventre, et n'en
resta pas moins sur pied. Une quatrième balle lui cassa la cuisse:
il tomba, mais il ne mourut de ses blessures qu'au bout d'une
demi-heure. Bompland voulut conserver cet oiseau.

Le docteur Colas, qui s'est occupé des organes respiratoires des
oiseaux, et a fait de nombreuses expériences sur diverses espèces,
raconte qu'il a pratiqué une ouverture sur les sacs aériens de la
partie postérieure du poumon d'une Corneille mantelée; qu'a-
près cette opération il a lié la trachée-artère, et que l'oiseau n'a
manifesté d'abord qu'une sorte d'étonnement, comme s'il se sen-
tait vivre d'une autre manière. Immédiatement après, il a mar-
ché, volé, disputé sa proie à d'autres oiseaux, et n'est mort qu'à
la fin du cinquième jour, parce que l'ouverture artificielle s'est
fermée. Il ajoute que la même expérience, faite sur un Pigeon,
un Coq et un Moineau, lui a prouvé que ces derniers oiseaux
n'étaient pas capables de supporter aussi bien que le premier les
effets d'une telle révolution dans les fonctions respiratoires, et
qu'ils sont restés, jusqu'à la mort, plongés dans un état de grande
stupeur.

Nous avons à examiner maintenant le point de l'appareil vocal
où se forme la voix des oiseaux et les moyens à l'aide desquels ils
produisent et font varier les sons

Ce que nous avons dit des organes de la respiration chez ces
animaux rendra plus faciles les explications que nous devons donner du mécanisme de leur voix. Ainsi nous savons que leur
trachée-artère présente diverses formes, qu'elle offre des rétrécissements ou des dilatations plus ou moins considérables, qu'elle
peut être allongée, soit par les muscles du larynx et par ceux qui

prennent un point d'appui sur l'os hyoïde, soit par des muscles particuliers partant du sternum et de la fourchette, et qu'elle peut être raccourcie par l'élasticité des fibres tendineuses qui unissent ses anneaux les uns aux autres. Cette faculté de s'allonger et de se raccourcir, la longueur exceptionnelle de la trachée, la nature cartilagineuse et même osseuse de ses anneaux, contribuent beaucoup à modifier le ton et le timbre de la voix.

Les oiseaux sont les seuls animaux, avons-nous dit aussi, chez lesquels on rencontre : 1° de nombreux et spacieux sacs aériens qui reçoivent un volume considérable d'air destiné à rendre l'oiseau spécifiquement plus léger, et à lui servir comme d'un soufflet de musette pour pousser cet air dans son gosier.

2° Un second larynx à l'extrémité inférieure de la trachée. Presque tous les oiseaux, à l'exception des Sarcoramphes, des Autruches et des Casoars, ont ce larynx supplémentaire, qui est plus important que le premier, puisque chez eux il constitue l'organe de la voix ou plutôt du chant. En effet, diverses expériences, surtout celles de G. Cuvier sur le Merle, la Pie, et le Canard, ont démontré que les oiseaux auxquels on a coupé la trachée-artère n'en continuent pas moins à pousser, mais plus faiblement, le cri qui leur est particulier.

Les mammifères ont, il est vrai, la faculté d'exprimer leurs besoins ou leurs passions par des cris ; mais ils sont dans l'impuissance, si bien organisés que soient quelques-uns d'entre eux dans l'échelle zoologique, d'y joindre la mélodie, encore moins d'imiter les sons étrangers. L'homme seul peut articuler des paroles, chanter et siffler, et il doit cette faculté à la grande supériorité de son organisation.

Cependant, quoique le larynx de l'homme présente chez tous le même type anatomique, il est facile de reconnaître que la voix diffère, faut-il dire dans chaque individu, pour le timbre, la force, la netteté et la finesse, et que la civilisation et l'éducation ont beaucoup contribué à donner à sa voix des formes plus douces. Néanmoins que de différences encore même chez les hommes les plus civilisés ! Ils sont loin d'avoir tous non-seulement l'aptitude musicale, qui dépend autant de l'oreille que du larynx et que l'éducation même ne peut pas donner, mais leur voix diffère à l'infini. Si la forme de la bouche ou plutôt de la cavité buccale, la disposition des dents, du voile du palais, la forme des os du nez, celle de la langue et sa flexibilité, peuvent modifier considérablement le timbre de la voix humaine, il doit en être de même aussi chez l'oiseau, qui sous tous ces rapports présente des différences énormes d'espèce à espèce. Cependant chez beaucoup d'oiseaux le chant est un des attributs de leur organisation et de leur instinct. Dans les bois ils chantent toujours de même ; ils ne connaissent aucune méthode pour apprendre, ils solfient sans maître, et néanmoins ils arrivent à chanter juste.

Le Tangara organiste doit ce nom à la faculté qu'il a de faire entendre tous les sons de l'octave ; et le Rossignol, ainsi que d'autres Becs-fins, produisent dans leur chant tous les sons les plus tendres ; le prolongement de leur mélodie n'indique-t-il pas qu'ils réunissent à la douceur de leur voix toute la finesse d'une oreille exercée ? Ils interrompent le silence des bois durant des heures entières, et semblent prendre plaisir à s'écouter chanter.

L'instrument vocal des oiseaux est représenté par Cuvier comme un tube à l'embouchure duquel est une anche membraneuse (membranes du larynx inférieur) placée au-dessus de la bifurcation des bronches. Cette anche, formée par un repli de la peau de la trachée, a deux lèvres très-flexibles et très-élastiques qui représentent celles du joueur de cor de chasse. Il ne suffit pas, ajoute-t-il, de souffler dans un tube pour y produire un son ; et, quelle que soit la forme de ce tube, on n'obtiendra jamais de son si l'on y souffle à pleine ouverture : on ne produira qu'un transport

de l'air en masse, qui ne se fera pas plus entendre que le vent en
pleine campagne, lorsqu'il ne rencontre aucun corps qu'il puisse
mettre en vibration par les ébranlements qu'il lui communique
ou qui puisse le mettre lui-même en vibration par la résistance
qu'il lui oppose. Le joueur de cor, en serrant ses lèvres l'une
contre l'autre, les allongeant ou les contractant, en même temps
qu'il pousse une colonne d'air, produit des sons graves ou aigus.
Le tuyau, suivant sa nature, ne fait que modifier, diriger et augmenter le son produit à son embouchure par le corps sonore qui
y brise l'air et communique ses vibrations à la colonne d'air contenue dans le tuyau. Le tube formé par la trachée au-dessus du larynx inférieur et s'étendant jusqu'au larynx supérieur n'est pas
un simple conducteur de l'air respiré ou expulsé, mais bien aussi
un conducteur du son, un véritable porte-voix.

L'allongement, le raccourcissement et la forme de cette trachée donnent bien raison des différences de tons graves et aigus,
mais ils ne suffisent pas pour expliquer toutes les variétés des
sons produits par les oiseaux. Un des rôles que joue le larynx
supérieur commence : la glotte, qui peut le fermer derrière la
langue, élargit ou rétrécit la fente longitudinale qui se trouve à
son centre et donne ainsi plus ou moins passage à l'air. Aucune
partie de cette glotte, qui varie fort peu d'oiseau à oiseau, ne peut
vibrer, s'allonger, se raccourcir, se tendre ou se relâcher de
manière à produire un son. Mais le jeu de ces ouvertures des
deux glottes inférieure et supérieure peut faire parcourir au son
toutes les notes d'une octave quelconque pour laquelle la trachée
et le larynx inférieur sont disposés. Il n'en faut pas davantage
pour donner à la voix des oiseaux toute la perfection imaginable,
puisque dans toute l'étendue de leur voix il ne sera pas une
seule note par laquelle ils ne puissent passer.

« Si l'oiseau veut donner le *si* de sa première octave, par
exemple, dit Cuvier, note qu'il ne pourrait produire que très-

16.

difficilement par le raccourcissement de sa trachée, il disposera
son embouchure de manière à chanter l'*ut* au-dessus ; ce qu'il
fera facilement, cet *ut* étant l'octave, et par conséquent harmo-
nique du son fondamental. Alors il fermera un peu son larynx
supérieur, et, en baissant ainsi d'un demi-ton majeur, il donnera
le *si* demandé. S'il laisse à sa trachée toute sa longueur, et à
son embouchure sa disposition pour le ton le plus bas qui cor-
responde à cette longueur-là, l'oiseau pourra encore baisser presque d'une octave, en fermant ainsi plus ou moins exactement son
larynx supérieur, et c'est là la mesure de l'étendue de sa voix
dans le bas. »

Rappelons-nous maintenant ce que nous avons dit du degré de
mobilité, de délicatesse, de flexibilité et en un mot de complication
ou de perfection de la glotte du larynx inférieur, et il sera facile
de comprendre que la voix d'un oiseau sera d'autant plus riche et
modulée qu'il pourra faire varier davantage le jeu de ce second
larynx. Il faut naturellement tenir compte aussi de la longueur
proportionnelle, de la forme, du diamètre des inflexions et de la
texture plus ou moins délicate de la trachée, autant que de la
nature plus ou moins cartilagineuse ou osseuse des deux larynx.
« Ainsi les oiseaux qui ont la voix flûtée ont tous la trachée cylindrique, comme les flûtes, les fifres, les flageolets. Ceux qui ont
la trachée en forme de cône, plus étroite vers le bas ou vers
l'embouchure que vers le haut, ont ce même caractère éclatant
qu'on connaît aux jeux d'orgues qui ont cette forme.

« Le son est produit dans l'instrument vocal des oiseaux de la
même manière que dans les instruments à vent de la classe des
cors, des trompettes, des trombones, etc.; il est modifié, quant
à son ton, par les mêmes moyens que nous employons avec ces
instruments, c'est-à-dire : 1° par les variations de la glotte inférieure, qui correspondent à celles des lèvres du joueur ou à celles
de la lame des jeux d'anches; 2° par les variations de la longueur

de la trachée, qui correspondent aux corps de rechange ou aux différentes longueurs qu'on peut, pendant le jeu, donner à certaines parties de ces instruments ; 3° par le rétrécissement ou l'élargissement de la glotte supérieure, qui correspondent à la main du joueur de cor et à la fermeture ou aux cheminées des tuyaux d'orgues. Enfin la voix des oiseaux est modifiée dans son timbre par la texture plus ou moins osseuse, cartilagineuse et délicate de toutes les parties de l'appareil vocal. Elle est d'autant plus facilement variable qu'il y a plus de complication et de perfection dans cet appareil ; et enfin elle nous paraît d'autant plus agréable que leur trachée ressemble davantage aux instruments dont les sons flattent notre oreille. »

Il faut reconnaître avec Buffon que la voix des oiseaux se modifie suivant leurs affections, mais même qu'elle s'étend, se fortifie, s'altère, se change, s'éteint ou se renouvelle suivant les circonstances et le temps : comme la voix est, dit-il, de toutes les facultés de ces animaux, l'une des plus faciles, et dont l'exercice leur coûte le moins, ils s'en servent au point de paraître en abuser ; et ce ne sont pas les femelles qui, comme on pourrait le croire, abusent le plus de cet organe ; elles sont bien plus silencieuses que les mâles ; elles jettent, comme eux, des cris de douleur et de crainte, elles ont des expressions ou des murmures d'inquiétude ou de sollicitude, surtout quand elles ont des petits ; mais le chant paraît être interdit à laplupart d'entre elles. Le chant est le produit naturel d'une douce émotion ; c'est l'expression agréable d'un désir tendre qui n'est qu'à demi satisfait : le Serin dans sa cage, le Verdier dans la plaine, le Loriot dans les bois, chantent également leurs amours d'une voix éclatante, à laquelle la femelle ne répond que par quelques petits sons de pur consentement ; dans quelques espèces la femelle applaudit au chant du mâle par un semblable chant, mais toujours moins fort et moins plein ; le Rossignol, arrivant avec les premiers jours du printemps,

ne chante point encore : il garde le silence jusqu'à ce qu'il soit
apparié ; son chant est d'abord assez court, incertain, peu fré-
quent, comme s'il n'était pas encore sûr de sa conquête, et sa
voix ne devient pleine, éclatante et soutenue, jour et nuit, que
quand il voit sa femelle s'occuper d'avance des soins maternels ;
il s'empresse à les partager ; il l'aide à construire le nid ; jamais
il ne chante avec plus de force et de continuité que quand il la
voit travaillée des douleurs de la ponte, et pour exciter le charme
d'une longue et continuelle incubation. Non-seulement il pour-
voit à sa subsistance, mais il cherche à faire paraître le temps
plus court en multipliant ses caresses, en redoublant ses accents
d'amour ; dès que les petits sont élevés, la voix du père s'affaiblit graduellement et ne donne plus, vers la fin de l'été, que des
sons rauques, si différents des premiers, qu'on a bien de la peine
à se persuader qu'ils viennent du Rossignol, ni même d'un autre
oiseau.

Si ce chant qui cesse pour se renouveler tous les ans, et ne
dure que deux ou trois mois ; si cette voix qui s'éteint comme un
feu que rien n'alimente plus, tandis que son ampleur et son éclat
ne sont complets que pendant la saison des pariades, paraissent
indiquer chez l'oiseau un rapport physique entre les organes de
la reproduction et ceux de la voix : ce rapport est mis complète-
ment en évidence par l'altération et l'atrophie de ces organes
après ces mêmes époques ; enfin l'observation de tous les jours
démontre que les espèces domestiques et celles que nous retenons
captives en volière ne perdent ni la faculté de chanter, ni celle de
se reproduire : les Coqs, les Serins, les Perroquets et quelques autres espèces aussi familières en fournissent la preuve : ils chantent
et se reproduisent, faut-il dire, sans interruption.

Toutes ces questions intéressantes et toutes celles relatives
aux mœurs, aux instincts, n'auraient pu trouver de solution dans
l'enceinte de la plus riche collection d'oiseaux, qui ne permet de

voir que leurs dépouilles inanimées rangées par groupes muets et mélancoliques; c'est, comme nous l'avons déjà dit, dans les bois et les campagnes qu'il faut étudier les animaux libres de toute entrave, et qu'il faut observer leurs actions. C'est ainsi qu'on donnera de l'intérêt à leur histoire. Gilbert White de Selborne, pénétré de cette vérité, a étudié l'ornithologie sur les oiseaux sauvages, et il s'est attaché à observer le caractère et la cause des inflexions de leur voix; il a cherché à saisir les différences qu'elle présente à diverses époques et surtout à celles de la pariade et des migrations. Il a reconnu le chant d'appel et du départ, il a décrit en quelque sorte le langage qu'emploient les oiseaux pour se communiquer leurs sensations, leurs projets, au moyen de sons diversement modulés, et leurs émotions de joie, de crainte et d'amour. C'est par des cris particuliers que certains oiseaux s'appellent pour se rassembler sous la même feuillée, et, au milieu de la confusion de tant de voix, on croirait remarquer que chacun d'eux répond à un appel, comme s'il s'agissait de constater sa présence. Les petits oiseaux font entendre une clameur plaintive à la vue d'une Pie-grièche, leur ennemie. Un Épervier, une Buse ou un oiseau de proie quelconque planent-ils au-dessus d'un champ, aussitôt la perdrix jette un cri strident qui rassemble rapidement et sans hésitation toute sa petite famille. Et, pour ne parler que de ce que chacun a pu ou peut observer facilement, nos oiseaux de basse-cour voient-ils passer dans les airs, au-dessus d'eux, un oiseau étranger, Pigeon, Hirondelle, Ramier, qu'ils n'ont pas l'habitude de voir, ils font immédiatement entendre un cri de détresse qui ne ressemble aucunement aux gloussements de tendresse et d'inquiétude de la poule qui promène ses poussins.

Le nom du Rossignol, a dit Buffon, nous rappelle quelques-unes de ces belles nuits du printemps où, le ciel étant serein, l'air calme, toute la nature en silence et pour ainsi dire atten-

tive, nous avons écouté avec ravissement le ramage de ce chantre
des forêts. Le Rossignol n'est cependant pas le seul chanteur
remarquable. On pourrait en effet citer quelques autres oiseaux,
comme les Rousserolles, dont la voix le dispute à certains égards
à celle du Rossignol, et qui se font écouter avec plaisir lorsque
celui-ci se tait. Les uns ont d'aussi beaux sons ; les autres ont
le timbre aussi pur et plus doux ; d'autres ont des gosiers aussi
flatteurs ; mais il n'en est pas un seul que le Rossignol n'éclipse
par la réunion complète de ces dons divers et par la prodigieuse
variété de son ramage ; aussi la chanson entière de chacun de ces
oiseaux n'est qu'un couplet de celle du Rossignol. Il charme toujours, et ne se répète jamais, du moins jamais servilement ; s'il
redit quelque motif, ce motif est animé d'un accent nouveau,
embelli par de nouveaux agréments ; il réussit dans tous les
genres ; il rend toutes les expressions, il saisit tous les caractères,
et de plus il sait en augmenter l'effet par des contrastes.

Par cela même que la conformation du larynx n'est pas iden-
tique, la faculté du chant n'appartient pas également à tous les
oiseaux ; il en est même qui en sont privés, et qui ont seulement
une voix aigre et bruyante. Quelle immense disparité entre les
chants mélodieux des uns et les croassements discordants ou les
cris lugubres des autres ! On peut donc, par suite de ces principales différences, reconnaître avec quelques auteurs anciens
trois principales tribus parmi les oiseaux : celle des chanteurs,
celle des criards, et celle des silencieux.

Parmi les oiseaux chanteurs, on doit surtout ranger la plupart
des Passereaux ; mais chacun a son chant propre, et des nuances
plus ou moins radoucies. En effet, combien sont différents entre
eux le chant plus ou moins mélodieux des Alouettes, des Rossignols, des Fauvettes, les sons glapissants des Serins, la voix gut-
turale du Bouvreuil, le pipement sourd des Mésanges, le siffle-
ment des Merles et des Loriots ! Les insectivores ont un son de

voix plus flûté et plus doux que les granivores, dit Virey; ils soupirent plus tendrement; leurs accents sont plus passionnés, plus enchanteurs. Peut-être que leur bec plus effilé contribue à cet effet. Ils sont aussi plus vifs, plus spirituels, plus intelligents; il semble que cette nourriture animalisée leur communique plus de force vitale.

La voix du Serin est souvent fort désagréable quand son chant se prolonge trop; il étonne, mais il fatigue; cette faculté de rendre pendant longtemps des sons sans respirer tient à la provision d'air contenue dans ses sacs aériens et à l'expulsion continue de cet air comme d'une musette pleine. On peut remarquer le gonflement de sa gorge lorsqu'il chante, gonflement qui tient, comme nous l'avons déjà dit, à l'occlusion volontaire et presque complète de son larynx supérieur. Il ne pourrait chanter ainsi en volant : sa provision d'air ne suffirait pas pour les deux exercices. Aussi l'Alouette, qui fait entendre sa voix en planant dans les airs, est obligée de battre souvent de l'aile pour se soutenir et respirer aussitôt que ses sacs commencent à se vider. Son chant a des interruptions, et son corps, devenu moins léger, s'abaisse un peu pour se relever immédiatement après l'inspiration, et cette manœuvre se renouvelle plusieurs fois de suite.

Au nombre des oiseaux criards on doit mettre les rapaces, les oiseaux de rivages, les nageurs, et tous ceux qui, au lieu d'une voix musicale, ne jettent que des cris rauques, discordants, ou ne produisent qu'une clangueur retentissante pour s'appeler à de grandes distances au milieu du bruit des vagues.

Enfin les oiseaux silencieux font entendre rarement de petits sons de voix, des accents légers et comme éteints; tels sont les Couroucous, les Tamatias, les Jacamars, les Oiseaux-mouches, les Souï-mangas, les Philédons, les Cotingas, les Guêpiers, et beaucoup d'autres espèces de l'ancien et du nouveau continent; et, de plus, presque toutes les femelles des oiseaux chanteurs.

Dans tous les pays civilisés ou sauvages, et sous tous les climats, on trouve également des oiseaux à chant agréable, et c'est
à tort que Buffon a prétendu que les oiseaux mélodieux ne se
rencontrent que dans l'ancien continent et vivent de préférence
autour des lieux habités. Nous avons, il est vrai, en Europe, un
grand nombre de chanteurs; mais dans l'Inde et en Amérique
on en trouve également. Les Moqueurs, suivant tous les voyageurs, et au témoignage du plus observateur de tous, Audubon, ont un chant très-varié dans ses inflexions et un incompa-
rable talent d'imitation.

Les oiseaux, par leurs chants, annoncent leurs diverses
émotions, redisons-le encore; c'est pour eux un vrai langage,
puisqu'ils peuvent correspondre entre eux et se faire part de
leurs sensations. Parmi ceux qui vivent en troupe, quelques-uns
restent perchés sur les arbres, et, à la moindre apparence de
danger, ils jettent d'abord des cris d'avertissement, puis des cris
d'épouvante. Il en existe même plusieurs dont la voix indique
assez régulièrement les principaux changements de l'atmosphère.
Ainsi, le Paon, chez nous, le Coucou de plaine, en Amérique, le
Scythrops voyageur, à la Nouvelle-Hollande, annoncent des journées pluvieuses.

D'après ce que nous venons de dire de la voix des oiseaux, on
comprend que c'est le chant surtout et la distinction du plumage
ensuite qui déterminent le choix que nous faisons des espèces à
conserver en volière et dont nous devons dire quelques mots.

Si l'homme a su tirer parti des divers instincts des oiseaux, il
a cherché aussi à utiliser à son profit, ou plutôt pour son plaisir,
leur sens plus ou moins musical ou imitateur. Sous ce rapport il
faut distinguer le chant naturel du chant artificiel : celui-là offre,
ainsi qu'on vient de le voir, autant de différences qu'il y en a
entre les oiseaux mêmes; car nous n'avons aucune espèce indi-
gène qui ait parfaitement le chant d'une autre. On pourrait ex-

cepter nos trois espèces de Pies-grièches, qui, par leur mémoire prodigieuse, peuvent imiter les chants des autres oiseaux au point de s'y méprendre. Cependant le vrai connaisseur reconnaît facilement le moindre mélange du chant naturel avec le chant d'imitation, et s'aperçoit bientôt si c'est la Pie-grièche qui copie, ou si c'est vraiment l'Alouette ou le Rouge-gorge qui chante.

Le chant artificiel est imité ou d'un oiseau que les jeunes entendent chanter dans la chambre ou d'un instrument quelconque. Presque tous les oiseaux, étant jeunes, apprennent quelques strophes des airs qu'on leur siffle ou qu'on leur joue régulièrement tous les jours ; mais il n'y a que ceux dont la mémoire est capable de conserver l'impression qui abandonnent entièrement le chant naturel, pour adopter couramment et répéter sans hésitation l'air qu'on leur a enseigné. Ainsi le jeune Chardonneret apprend, à la vérité, quelque partie de la mélodie que l'on joue à un Bouvreuil ; mais jamais il ne parviendra à la rendre aussi complétement que celui-ci. La cause, dans ce cas, n'est pas tant dans la plus ou moins grande souplesse de l'organe que dans la force inégale de mémoire dont ces deux espèces sont douées.

On distingue dans les oiseaux le gazouillement et le ramage, ou le chant proprement dit ; plusieurs espèces dont la langue est large, entière et non fendue, ont la faculté de répéter des sons articulés, ce qui fait dire qu'ils parlent : tels sont les Perroquets. Un fait assez frappant, c'est que les oiseaux dont le chant naturel n'est pas continué toute l'année, comme le Rouge-gorge, le Tarin, le Chardonneret, etc., paraissent obligés, quand leur mue est passée, de rapprendre leur ramage comme s'ils l'avaient oublié ; mais il est certain que cet exercice est moins une étude qu'un travail pour assouplir l'organe ; ce n'est en effet réellement qu'une sorte de gazouillement dont les tons n'ont presque aucun rapport avec ceux du chant parfait ; et, pour peu qu'on y fasse attention, on observera comment le gosier parvient graduellement à rendre les sons qui composent le chant ordinaire. Cette manière d'apprendre derechef annonce donc moins un manque ou une faiblesse de mémoire qu'une espèce de roideur occasionnée par le défaut d'exercice dans le gosier de l'oiseau. C'est ainsi que le Pinson essaye chaque année pendant quelques semaines de suite, avant d'arriver à la perfection qu'il connaît et qu'il veut atteindre; c'est ainsi que le Rossignol module aussi les strophes de son superbe chant, avant de le rendre complet et dans toute son étendue.

La portée de la voix des oiseaux n'est pas toujours en rapport avec le petit volume de leur corps. Les oiseaux dont nous entendons la voix d'en haut, dit Buffon, et souvent sans les apercevoir, sont alors à une hauteur égale à trois mille quatre cent trente-six fois leur diamètre, puisque ce n'est qu'à cette distance que l'œil humain cesse de voir les objets. Supposons donc que l'oiseau, avec ses ailes étendues, fasse un objet de quatre pieds de diamètre : il ne disparaîtra qu'à la hauteur de treize mille sept cent quarante-quatre pieds ou plus de quatre mille mètres; et, si nous supposons une troupe de trois ou quatre cents gros oiseaux, tels que des Cigognes, des Oies, des Canards, dont quelquefois nous entendons la voix avant de les apercevoir, l'on ne pourra nier que la hauteur à laquelle ils s'élèvent ne soit encore plus grande, puisque la troupe, pour peu qu'elle soit serrée, forme un objet dont le diamètre est bien plus grand. Ainsi l'oiseau, en se faisant entendre d'une lieue du haut des airs, et produisant des sons dans un milieu qui en diminue l'intensité et en raccourcit de plus de moitié la propagation, a par conséquent la voix quatre fois plus forte que l'homme ou le quadrupède, qui ne peut se faire entendre à une demi-lieue sur la surface de la terre : ainsi un paon, qui est beaucoup plus petit qu'un bœuf, se fait entendre de plus loin ; et cette estimation est peut-être plus faible que trop forte, car, indépendamment de ce que nous venons d'exposer, il y a encore une considération qui vient à l'appui de nos conclusions : c'est que le son rendu dans le milieu des airs doit, en se propageant, remplir une sphère dont l'oiseau est le centre, tandis que le son produit à la surface de la terre ne remplit qu'une demi-sphère, et que la partie du son qui se réfléchit contre la terre aide et sert à la propagation de celui qui s'étend en haut et à côté. C'est par cette raison qu'on dit que la voix monte, et que, de deux personnes qui se parlent du haut d'une tour en bas, celle qui est au-dessus est forcée d'élever la voix beaucoup plus que l'autre si elle veut s'en faire également entendre.

Terminons cette leçon par des observations curieuses et intéressantes faites par M. Dureau de la Malle sur les heures du réveil et du chant de quelques oiseaux ; il a constaté ce qui suit :

Le Pinson s'éveille d'une heure à une heure et demie du matin;

La Fauvette à tête noire, de deux à trois heures;

La Caille, de deux heures et demie à trois heures;

Le Rossignol de murailles, de trois heures à trois heures et demie ;

Le Merle, de trois heures et demie à quatre heures;

Le Pouillot, à quatre heures ;

La Mésange charbonnière, de quatre à cinq heures;

Le Moineau, de cinq heures à cinq heures et demie.

On voit que le Pinson est le plus matinal et le Moineau le plus paresseux des oiseaux qu'il a observés. Est-ce de cette habitude reconnue qu'est venu le dicton : *Gai, éveillé comme un Pinson?* Quant au Moineau, qui vit dans la société de l'homme et pullule dans les villes, aurait-il contracté, par cette cohabitation, les habitudes paresseuses des oisifs et des citadins?

Le savant académicien que nous venons de citer avait disposé dans son jardin un appareil pour garantir contre les attaques des chats les familles des oiseaux qui venaient lui demander l'hospitalité. Ces oiseaux reconnaissaient leur protecteur, étaient de-

venus familiers avec lui, et il a pu, en visitant leurs nids, déterminer la cause du réveil plus ou moins hâtif de chaque espèce.
Un jour, le 4 juin, la Mésange et le Merle ont commencé à chanter à deux heures et demie du matin. Frappé de cette anomalie,
il va inspecter leurs nids et trouve leurs petits éclos. Il pensa
d'abord que c'était une manifestation de la joie paternelle; mais
bientôt il s'est convaincu de son erreur. Le besoin de plus d'heures
de veille, pour nourrir la famille augmentée, avait avancé leur
réveil. Il faisait alors un beau clair de lune, et il a pu voir les
pères et mères de ces deux espèces occupés constamment à chercher sur le gazon et les plates-bandes les insectes et les aliments
qui devaient servir aux premiers repas de la nichée.

Le même observateur raconte que son portier nourrissait en
cage un Merle privé auquel il avait appris à siffler la *Marseillaise*
et la *Carmagnole*. La cage, pendant le jour, était placée dans une
cour près des fenêtres du cabinet de travail de l'académicien, et
pendant la nuit elle était rentrée dans une chambre obscure. Le
8 juin, on oublie de rentrer le Merle, et dès minuit et quart,
trompé par l'éclat d'une lampe apportée dans le cabinet de travail, il éveille toute la maison en chantant à gorge déployée les
airs qu'on lui avait enseignés. A ces chants inusités à cette heure,
les Merles libres répondent; et de minuit et quart à sept heures
du matin leurs voix n'ont cessé de se faire entendre. Les Merles
libres ont été certainement entraînés par la voix du captif; et ce
n'était pas le sens de la vue frappé par la lumière qui détermina
cette explosion musicale; car le nid des Merles libres était placé
à trente mètres de la fenêtre. Mais laissons parler M. Dureau de
la Malle : « Le 17 juin, dit-il, le Merle républicain est encore oublié
dans la cour; il renouvelle la scène du 9 juin, met en voix tous
les Merles du voisinage et réveille de nouveau tous les habitants
de ma maison. Je descends et je l'enferme dans un endroit obscur.
Au bout d'une heure, je le remets à sa place dans ma cour; un

quart d'heure s'écoule à peine, et le républicain chante de nou-
veu à tue-tête le *Ça ira* et la *Marseillaise*.

« Les vieux Merles libres ont toujours résisté à imiter ces chants;
mais un couple de ceux-ci avait produit trois générations successives dans mon jardin, dans la même allée, sur le même tilleul et
dans le même nid, protégé par moi contre la griffe des chats.
Comme l'espace est borné et qu'il n'offrait pas sans doute une
nourriture suffisante à une famille de quinze Merles arrivés à l'état
adulte, mes jeunes élèves m'avaient abandonné depuis le 10 mars,
et j'attendais impatiemment leur retour, qui eut lieu le 18 juin.
J'étais curieux de savoir si le chant artificiel du Merle privé, qui
avait frappé leurs oreilles pendant leur enfance et leur adoles-
cence, l'emporterait sur le langage qu'ils avaient appris de leurs
parents. Enfin, le 18 et le 20 juin, à quatre heures du matin, le
Merle privé étant renfermé et couvert, j'entends retentir dans
mon jardin les deux phrases des chants populaires *Ça ira* et
Aux armes, citoyens, que leur avait sifflées tant de fois le Merle
républicain. » (*Annales des sciences naturelles*, 1848.)

Conservation et reproduction. — Nous avons parlé du
rapport physique des organes de la voix avec les organes reproducteurs et dit que l'oiseau, à l'état de liberté, ne possède toute
l'ampleur de sa voix qu'à l'époque des pariades; nous avons dit
encore que la cessation du chant correspondait à l'atrophie des
organes de reproduction. Disons maintenant quelques mots de
la conservation de l'espèce et des organes reproducteurs.

L'espèce est un type primordial transmettant tous ses caractères organiques de générations en générations. Sous le nom
d'espèce on désigne aussi tous les individus qui se reproduisent
par voie de génération sans subir de modification essentielle, et
de manière à être regardés comme originairement sortis d'une
souche unique.

17.

La nature a établi des lois inflexibles et immuables pour la conservation et la propagation de l'espèce, et elle met tout en œuvre pour que rien ne s'oppose à cette condition de l'harmonie du monde. Toutes les espèces obéissent à ces lois et se reproduisent quand les conditions de leur existence ne sont pas modifiées par la captivité ou un changement de climat.

Les organes reproducteurs chez les oiseaux aboutissent au cloaque ou vestibule génito-excrémentitiel s'ouvrant à l'extrémité postérieure du corps, sous les vertèbres coccygiennes, dont nous avons fait connaître la mobilité. L'organe femelle se compose de l'oviducte et de l'ovaire, enveloppés et fixés par une membrane vasculaire, repli prolongé du péritoine. Tous deux sont impairs, non symétriques, et si, par exception ou par anomalie, il se trouve deux ovaires et deux oviductes, ceux placés à droite sont toujours rudimentaires, très-accessoires et sans fonctions. L'oviducte s'ouvre au côté gauche du cloaque, forme un canal contractile, allongé, plus ou moins large, très-sinueux, et remonte au côté gauche des régions sacrée et lombaire pour se terminer sous l'ovaire, avec lequel il est en rapport par un orifice (ouverture ovarienne), trompe qui se resserre ou se dilate au besoin, ainsi que nous le verrons bientôt. L'ovaire est situé sous la colonne vertébrale et les reins, et au-dessous du foie. Il consiste en une agglomération de petits globules ou ovules blancs, quelquefois légèrement teintés de jaune et représentant tous les œufs que l'oiseau doit pondre pendant sa vie. Aux épo-

Fig. 202.
Grappe de l'ovaire et oviducte de la poule.

ques fixées pour les pariades chez les oiseaux sauvages et pendant une grande partie de l'année chez les oiseaux domestiques, l'ovaire se gonfle; quelques-uns des ovules qu'il contient au milieu d'une substance fibro-celluleuse grossissent; ce sont ceux qui doivent faire leur évolution complète dans la saison; la membrane qui les couvre et les maintient s'amincit pour suivre leur développement, et bientôt ils se dégagent de la masse, à laquelle ils semblent ne plus tenir que par un pédicule, et leurs dimensions inégales indiquent leur degré de maturité. En cet état l'ovaire est comparé à une grappe de raisin à grains inégaux, et l'on dit la grappe de l'ovaire.

L'ouverture ovarienne de l'oviducte a un bord simple et non frangé comme l'est le pavillon des trompes chez les mammifères; elle est plus ou moins bâillante, et le canal qu'elle commence forme des anses comme un intestin et s'élargit progressivement jusqu'à sa terminaison, où il présente deux rétrécissements avant de s'ouvrir dans le cloaque. Les parties constituantes de l'oviducte sont : 1° la membrane péritonéale séreuse, qui l'enveloppe ainsi que l'ovaire, et les maintient fixés en rapport l'un avec l'autre.

Fig. 205. — Ovules
à plusieurs degrés de maturité.

2° Une couche de fibres musculaires longitudinales et de tissu cellulaire. 5° Enfin une membrane interne muqueuse qui tapisse tout l'organe. Cette muqueuse présente des plis plus ou moins nombreux, plus ou moins prononcés, suivant la partie qu'on examine, assez larges, obliques, longitudinaux ou un peu transverses, parallèles et interrompus dans le dernier tiers de sa surface. Ces plis se prêtent merveilleusement à la dilatation de l'oviducte pendant

le passage de l'œuf, dont la marche est d'ailleurs favorisée par
des mouvements péristaltiques propres au canal qui le contient
momentanément, le complète et l'expulse. On trouve dans la
forme de l'oviducte, comme le fait remarquer Cuvier, dans sa
disposition générale et dans sa structure, toutes les conditions
organiques propres à faire comprendre les différentes fonctions
qu'il doit remplir.

L'oviducte, examiné en place et sans préparation, ressemble
beaucoup à une portion d'intestin; on ne
distingue pas de rétrécissement, et le canal
qu'il forme n'offre qu'un calibre graduellement mais insensiblement plus large à mesure qu'il se rapproche du cloaque. Les
circonvolutions assez nombreuses qu'il présente sont maintenues par le mésoviducte
ou repli de la membrane péritonéale, qui
remplit les mêmes fonctions envers l'oviducte que le mésentère envers les intestins.

Les membranes qui composent l'oviducte
semblent néanmoins plus épaisses, plus blan-
ches que les membranes intestinales, et il
devait en être ainsi dans l'état de repos;
mais, lorsqu'un œuf est engagé dans le canal
qu'il forme, ses parois plissées et extensibles

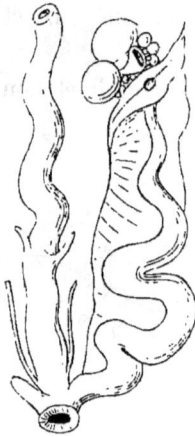

Fig. 204. — Intestins,
ovaire et oviducte.

s'amincissent considérablement en proportion de la grosseur de
cet œuf auquel elles donnent passage. Si l'on insuffle un oviducte
par l'ouverture inférieure, on voit cet organe prendre immédiatement un développement énorme, former deux étranglements
vers son tiers inférieur et devenir assez transparent pour permettre de distinguer la disposition des faisceaux musculaires.
Ces faisceaux, distants les uns des autres, sont longitudinaux et
un peu obliques dans la partie supérieure du canal jusqu'au pre-

mier rétrécissement; là, ils disparaissent, et la dilatation qui suit ce rétrécissement n'a de lanières musculaires qu'à sa partie inférieure et jusqu'au delà du second rétrécissement; et, dans cette partie, les lanières musculaires, au lieu d'être obliques, sont transversales jusqu'à l'orifice garni d'un sphincter et qui s'ouvre dans le cloaque. La membrane interne ou muqueuse présente aussi dans son étendue des différences d'organisation qu'il est important de connaître pour comprendre la formation complémentaire de l'œuf. A sa partie supérieure on remarque des villosités analogues à celles des intestins; plus bas, les plis seuls apparaissent; plus bas encore et au point où l'œuf doit s'arrêter quelque temps, on voit reparaître de longues villosités; enfin des plis transverses se montrent vers la partie inférieure.

A part quelques exceptions que présentent certaines espèces, entre autres le Canard et l'Autruche, l'organe reproducteur mâle consiste en un petit tubercule conique ou mamelon vasculaire linguiforme qu'on aperçoit au fond du cloaque entre deux papilles à l'extrémité desquelles sont les ouvertures des canaux communiquant avec deux glandes séminales logées dans la cavité abdominale, en arrière des poumons et sous les reins. Cet organe varie un peu suivant les familles et n'est apparent, chez les espèces sauvages, qu'aux époques de pariade, tandis

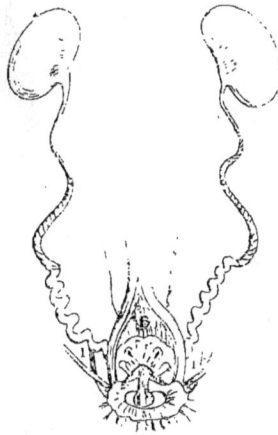

Fig. 203.
Organes reproducteurs du Coq.

qu'il est plus facile de le distinguer presque en tout temps chez les espèces domestiques.

Fig. 206. — Nid de Colibri Eurynome, d'après Gould

SIXIÈME LEÇON

Formation et développement de l'œuf; sa forme, sa couleur.

———

Ce que nous avons dit des organes reproducteurs des oiseaux indique un accouplement bien simple. L'élément fécondant absorbé par l'oviducte est transmis sans impulsion apparente autre que des mouvements péristaltiques inverses jusqu'à l'ovaire, où l'imprégnation des ovules mûrs peut être multiple et permettre à une poule, que dès lors on isolerait, de pondre un certain nombre d'œufs fécondés, observation souvent faite, mais seulement sur des oiseaux de basse-cour.

Cette description des organes reproducteurs était indispensable avant d'expliquer le développement de l'œuf, et il nous reste à dire quelques mots des ovules. Avant leur maturité, les ovules contenus dans l'ovaire sont peu apparents, ils ont des dimensions qui varient suivant les époques et les espèces, et qui, même dans les plus grosses, n'atteignent pas le diamètre d'un grain de millet. Ils forment de nombreuses petites bosselures qui soulèvent la membrane qui les protége. Aux époques fixées par la nature pour la reproduction des espèces, l'ovaire et la membrane vasculaire qui l'enveloppe deviennent le siége d'une congestion; les ovules, qui ont un peu grossi, parce qu'ils doivent subir l'évolution annuelle, et qui ne sont jusqu'alors formés que d'albumine, principe immédiat des animaux, ne tardent pas à présenter, sous l'influence d'une circulation ovarienne plus active, quelques petites globules de graisse ou d'huile, dont le nombre augmente avec le temps au point de les rendre opaques d'abord, puis complétement jaunes. Chaque ovule est composé d'une partie centrale ou germinative, d'une sphère vitelline

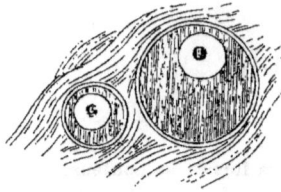

Fig. 207. — Ovules avant maturité et très-fortement grossis.

ou nutritive, et d'une membrane propre, extrêmement mince, à peine perceptible, mais cependant évidente, qui empêche la diffusion du liquide jaune qu'elle contient.

Dès que l'ovule commence à se développer, la partie centrale ou sphère germinative tend à quitter le centre pour se rapprocher de la circonférence, qu'elle atteint complétement quand l'ovule est mûr, et il est mûr avant d'avoir le volume qu'il aura au moment de se séparer de la grappe; mais cette sphère germinative ne croît pas dans les mêmes proportions que la sphère vitelline, qui seule prend les dimensions qu'elle doit avoir dans l'œuf parfait. Ce déplacement de la sphère germinative laisse dans le vitellus la trace de son premier siége et de son passage; on peut, en effet, remarquer dans le vitellus une cavité centrale s'ouvrant dans un canal ascendant, comme le rayon d'un cercle, et rempli d'un liquide plus clair que les autres parties du jaune. La membrane propre est, d'après Cuvier, composée de deux feuillets dont l'interne se replie autour de la sphère germinative, de manière à former un cul-de-sac pour la contenir et un pédi-

cule qui la soutient et la dirigera dans son mouvement ascendant.

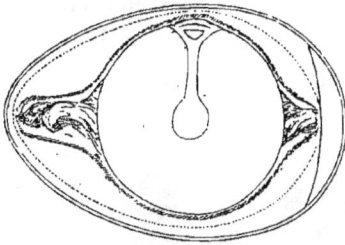

Fig. 208. — Déplacement de la sphère germinative.

Aussitôt que l'ovule prend la teinte jaune, alors qu'il est encore
peu développé et adhérent à la grappe, on peut distinguer sur le
point de sa surface correspondant à sa partie supérieure une
petite tache blanche désignée sous le nom de cicatricule et qui
indique le point où la sphère germinative s'est arrêtée. Cette
cicatricule loge donc le germe déplacé du centre, et elle se trouve
dès lors toujours à la partie supérieure du jaune, parce que les
parties de ce jaune qui l'entourent sont les plus légères de celles
qui le composent et que, ne pouvant se mélanger, elles obéissent
aux lois de la pesanteur. Le vitellus est en effet formé, comme l'a
fait observer M. Sacc, d'un réseau albumineux dont les mailles
enferment la matière grasse, et les filets d'albumine qui forment
ce réseau deviendront, sous l'influence organisante, les voies in-
dispensables au développement de l'embryon. L'analyse chimique
du jaune démontre qu'il est composé des éléments qu'on retrouve
dans toutes les parties des animaux, qu'il contient assez d'albumine pour la production de la fibre musculaire et assez de
matières grasses pour suffire aux besoins de la respiration de
l'embryon. Le même auteur fait remarquer que le vitellus se
développe avec une grande lenteur, et il ajoute que les diverses

parties d'un œuf mettent d'autant plus de temps à se former
qu'elles sont plus immédiatement essentielles au développement
de l'embryon.

Le concours du mâle chez les oiseaux n'est pas plus indispensable au développement des ovules qu'il ne l'est à la formation
complète des œufs, puisque les œufs, inféconds, il est vrai, que

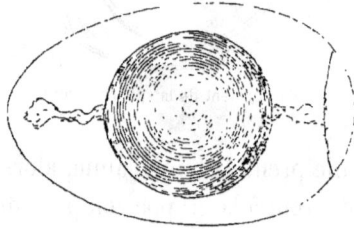

Fig. 209. — Germe d'un œuf non fécondé.

peuvent pondre des femelles isolées, sont parfaitement semblables
aux œufs fécondés. Le germe est dans l'ovule, la fécondation le
vivifie. La cicatricule, dans les œufs fécondés, avant l'incubation,
est, dit-on, plus apparente; elle a, d'après les observations de
MM. Dumas et Prévost, cinq à six millimètres de diamètre; le
centre est occupé par un disque membraneux de un à deux millimètres; il est entouré par une zone plus compacte et plus blanche,
limitée par deux cercles concentriques d'un blanc mat. On y
peut distinguer un corps blanc un peu allongé et placé comme
un rayon entre la circonférence et le centre où se trouverait le
vestige de la tête du futur embryon.

Plus l'ovule approche de sa maturité, plus la partie de l'ovaire
qui le supporte se gonfle de manière à le pousser et à le laisser
alors comme suspendu par un pédicule. Dans cette position,
l'ovule est contenu par cette pellicule péritonéale, extensible et

amincie dont nous avons parlé, et qui est généralement désignée sous le nom de calice. Le calice forme donc une poche arrondie et

Fig. 210. — Évolutions de l'œuf, d'après M. Coste. — L'oviducte est ouvert en partie pour laisser voir la direction des plis de la muqueuse.

complétement remplie. On y remarque une ligne circulaire, blanchâtre et assez large, qui semble le diviser en deux parties égales : c'est la partie la plus mince (cicatrice) de la poche, le

point où elle se séparera pour abandonner l'ovule. Après cette
séparation, le calice, désormais inutile, se flétrit et s'atrophie;
l'ovule libre rencontre le pavillon élargi de l'oviducte qui le
reçoit. Dans ce temps de son évolution l'ovule ne se compose
encore que du jaune de l'œuf (vitellus); il manque de parties
essentielles, indépendantes de l'action du mâle, telles que l'albumine ou blanc de l'œuf, les membranes qui doivent la contenir
et la coquille qui doit protéger le tout. Ces parties se formeront
dans l'oviducte, comme nous allons le dire : aussitôt que l'ovule
est engagé dans l'oviducte, il y détermine par sa présence une
sorte d'orgasme et par suite une sécrétion d'albumine promptement mais très-légèrement coagulable, qui se moule sur le calibre intérieur du canal et forme un tube mou, cylindrique, ou
sac à deux ouvertures, plus long que le globe vitellin, parce que
la sécrétion se fait en deçà et au delà des parties en contact. L'o-
vule, sollicité par des mouvements péristaltiques obliques, chemine
très-lentement en tournant en spirale et sur lui-même; il entraîne dans sa marche, bien lente sans doute, cette première

Fig. 211. — Membrane chalazifère en partie ouverte.

couche d'albumine coagulée formant une pellicule excessivement
mince et diaphane; mais, comme le vitellus est sphérique et que
le tube qu'il entraîne avec lui dans ses mouvements de rotation
est cylindrique; que, de plus, les portions débordantes du tube en
deçà et au delà ne sont pas assez consistantes pour se soutenir,

elles n'obéissent au mouvement en spirale qu'en se tordant sur elles-mêmes plusieurs fois et elles enferment ainsi le vitellus dans un sac diaphane dont les deux extrémités tordues forment deux cordons transparents qui correspondent aux deux pôles du jaune. La densité et la texture assez compacte de ces cordons permetten de les apercevoir quand on ouvre un œuf frais, et beaucoup de personnes croient à tort que c'est le germe. Le sac est bien visible quand on vide un œuf frais dans un vase rempli d'eau; ce sac, dis-je, uniquement protecteur, car il n'est pas vasculaire, est désigné sous le nom de membrane chalazifère, et les cordons tordus qui le terminent en avant et en arrière sont appelés chalazes. Nous verrons bientôt quel est le rôle qu'ils doivent jouer.

Le jaune ainsi complétement enfermé continue à cheminer lentement dans l'oviducte de plus en plus congestionné; la sécrétion augmente dans la même proportion et forme bientôt plusieurs couches d'albumine d'abord assez épaisses, puis plus fluides, qui constituent le blanc de l'œuf; elles ne sont réellement apparentes que sur un œuf cuit dur; l'albumine, tout en s'accumulant autour du jaune, se trouve resserrée par les parois de l'oviducte et un peu refoulée en avant et en arrière. La forme elliptique ou ovoïde qu'aura l'œuf complet est dès lors déterminée par la pression latérale d'une part et par celle exercée aux deux pôles de la masse albumineuse par les parois de l'oviducte, non encore écartées en avant et se contractant en arrière. La partie de la muqueuse du canal qui va se trouver en contact avec la masse albumineuse dont le volume a augmenté sera naturellement plus distendue, et cette tension plus grande d'une membrane mince et contractile la force à se mouler sur la masse peu résistante, qu'elle comprime de toutes parts. Le mouvement de l'œuf incomplet et très-mou se trouve alors ralenti par la rencontre d'un premier rétrécissement. La sécrétion fournie par la muqueuse dans cette partie de l'oviducte est toujours de l'albumine, mais

18.

de l'albumine coagulable contenant une petite proportion de
carbonate de chaux. C'est alors que se forme la membrane opaque, blanche, molle (membrane commune), qui enferme toutes
les parties de l'œuf comme dans un sac sans ouverture, parce que
toutes les surfaces sécrétantes de la muqueuse sont en contact
avec l'albumine fluide. Cette sécrétion se fait en deux temps,
car la membrane qu'elle forme a deux feuillets adhérents qui
conservent l'empreinte de la surface qui les a produits. En effet,
en examinant par transparence les feuillets de cette membrane,
on constate des différences d'opacité qui indiquent les empreintes
des petites lanières musculaires de cette partie de l'oviducte.

L'œuf couvert de cette double membrane est encore incomplet,
mais il est déjà résistant, et, poussé par les contractions musculaires, il peut ainsi, sans danger de diffusion, franchir le premier
rétrécissement. Il se trouve alors dans la partie inférieure et la
plus large de l'oviducte, où il séjournera pendant dix ou vingt
heures, suivant les espèces. Cette partie du canal forme une poche dont la moitié supérieure ne présente plus de fibres musculaires apparentes. Là, un liquide blanc, laiteux, résultant d'une
sécrétion plus chargée encore de carbonate de chaux, se dépose
assez promptement sous forme de petits cristaux qui se superpo-
sent et se confondent pour constituer la coquille. Elle conserve
souvent la trace évidente de la formation du dépôt, et présente
parfois des granulations qui font une légère saillie à sa surface.
Une fois ainsi complété, l'œuf franchit facilement le second rétrécissement, moins étranglé que le premier, et il est expulsé. Quelques auteurs pensent que tous les éléments qui doivent entrer
dans la composition de la coquille existent déjà lorsque l'œuf est
encore dans l'ovaire. Nous reviendrons sur ce sujet en parlant
des causes de la coloration de certains œufs.

En attendant, on sait que la coquille est blanche, uniformément ou diversement colorée, suivant les espèces. Les couleurs et

leur disposition, la forme et le volume de l'œuf, ont des caractères constants qui appartiennent à chaque espèce, et qui tiennent à l'organisation spéciale du canal qui les reproduit régulièrement.

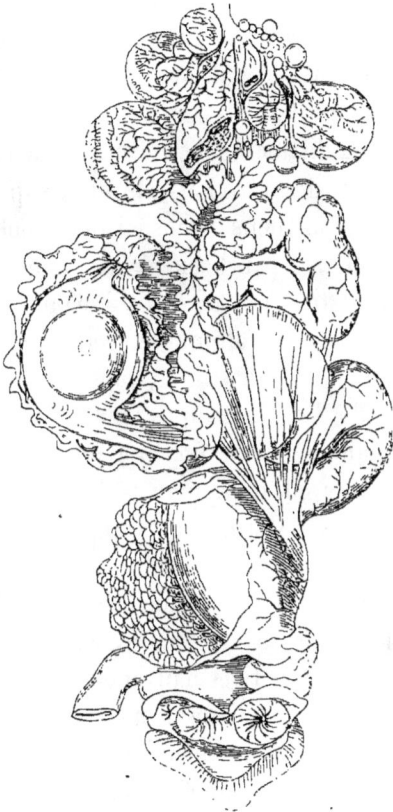

212. — Derniers temps de l'évolution de l'œuf, d'après M. Coste. — L'oviducte est ouvert pour laisser voir la disposition des papilles de la muqueuse.

Voilà l'exposé de la formation et des évolutions de l'œuf; nous avons déjà fixé l'attention sur les différences organiques que présentent les diverses parties de l'oviducte, et l'on a pu en déduire des mo-

dificalions dans la nature des sécrétions de ces parties. Nous
voyons en effet que les portions supérieure et inférieure de ce
canal sécrètent de l'albumine coagulable à divers degrés, tandis
que ses parties moyennes fournissent une sécrétion plus abondante de la même substance, mais qui n'est point coagulable.

L'albumine est la sécrétion normale de l'oiseau, qui avale une
grande quantité de matières calcaires et de graviers qu'on trouve
mêlés aux aliments qu'il a pris. Ces matières calcaires et ces graviers jouent des rôles distincts dans l'économie de l'oiseau, et, pour
ne nous occuper que des réactions chimiques qui se rattachent
au sujet de cette leçon, nous dirons en deux mots que la chaux
dissoute dans l'estomac par l'acide carbonique est absorbée et
portée par la circulation jusque dans l'oviducte, et qu'en présence des sels alcalins de l'albumine, cette chaux perd plus ou
moins de son acide et se dépose en plus grande quantité à la
partie inférieure de l'oviducte que sur tout autre point de la
surface de cet organe. Quoique nous ne puissions pas suivre les
molécules organiques ou inorganiques divisées par l'estomac et
absorbées par le tube digestif, il n'est pas plus difficile de comprendre le transport de l'élément calcaire dans certaines parties
de l'oviducte que le passage du même élément et sa fixation dans
les trames celluleuses des os de tous les vertébrés, ou la distribution des molécules nutritives dans toutes les parties du corps.

Le fait est qu'une poule qui serait nourrie sans pouvoir avaler
de matières calcaires ne tarderait pas à pondre des œufs sans coquille, comme on en fait quelquefois l'observation sur des poules
trop grasses ou malades.

Un de nos amis, professeur agrégé de chimie à l'école de médecine militaire, M. Roussin, a fait de nombreuses expériences sur
l'isomorphisme chimique et physiologique de certains sels. Ces
expériences, entreprises sur des poules, mais, comme on le voit,
dans un ordre d'idées étranger à notre sujet, s'y rattachent cepen-

dant par les résultats obtenus. Notre savant ami a placé des poules dans des cages éloignées du sol et de manière à pouvoir les soumettre à un régime déterminé à l'abri de tout mélange des substances généralement préférées par ces oiseaux. Il a remplacé dans la nourriture de ces poules les matières calcaires qu'elles ramassent en liberté par des carbonates de baryte, de strontiane, de magnésie, etc., et, après plusieurs jours de ce régime nouveau, il a analysé les coquilles des œufs pondus par chacune d'elles, et a trouvé qu'elles étaient composées de carbonates à base de baryte, de strontiane, de magnésie, etc. D'autres œufs fécondés, obtenus de ces poules dans les mêmes conditions, ont été soumis à l'incubation, et rien n'a arrêté le développement de l'embryon. Enfin il a soumis encore d'autres poules à l'usage d'iodures, de bromures et de fluorures alcalins qui ont été facilement assimilés et se sont retrouvés dans les parties internes et fluides des œufs.

La coquille est poreuse et perméable aux gaz ; sa surface extérieure est plus ou moins lisse ou rugueuse. L'interne est comme creusée de petits sillons qui logent les expansions à l'aide desquelles le feuillet externe de la membrane commune adhère à la coquille. Depuis longtemps des expériences concluantes prouvaient la porosité de la coquille ; ainsi un médecin allemand, le docteur Stohelin, montra à Haller des œufs qu'il était parvenu à injecter en les plongeant en partie dans un liquide coloré et en les soumettant à l'action de la machine pneumatique. Des expériences plus récentes démontrent même l'indispensable nécessité de la porosité de la coquille pour le développement du germe et de l'embryon. En 1756, Réaumur a fait connaître le résultat des expériences qu'il fit au sujet de la conservation des œufs destinés à être mangés et qui s'altèrent au contact de l'air. Il avait imaginé de les enduire d'un vernis. Ce moyen lui permit, dit-il, de conserver des œufs à peu près frais pendant plusieurs années.

Mais il avait déjà remarqué que ces œufs, soumis à l'incubation, ne permettaient aucun développement du germe. Cependant il obtint ce développement en enlevant le vernis sur des œufs conservés pendant plus de deux mois et soumis à l'incubation. Il ajoute, et il faut bien le croire, que les œufs vernis complétement et soumis à l'incubation pendant un temps assez long ne perdent pas leurs qualités et que la chaleur de la couveuse n'a aucune action sur eux. « Un œuf, dit-il, qui avait été couvé pendant plus de trente-huit jours, me parut un très-bon œuf, et tel que ceux que nous mangeons habituellement. Il n'y avait cependant plus moyen de le faire cuire à la coque, mais on le fit cuire avec du beurre, comme ceux qu'on appelle œufs au miroir. Je ne crains point à présent de dire, continue Réaumur, qu'on peut porter les œufs vernis au bout du monde ; qu'on peut leur faire passer la ligne, sous laquelle ils ne seront pas exposés à une chaleur plus grande que celle qu'ils éprouvent sous la poule ; le vernis les défendra. » (*Mémoires pour servir à l'hist. des Insectes*, t. II, p. 59.) Malgré le respect que nous professons pour Réaumur, nous douterons de l'efficacité du vernis pour conserver aussi longtemps les qualités comestibles des œufs. Nous donnerons cependant la formule du vernis qu'il employait :

Gomme laque.	60 grammes.
Colophane	50
Alcool	600

Avant de passer à un autre sujet, et sans vouloir rappeler les moyens proposés pour la conservation des œufs, nous dirons que les œufs fécondés se conservent moins bien que ceux pondus par des poules privées de coq. Ceux mis dans l'eau immédiatement après la ponte conservent pendant plusieurs jours l'apparence de la fraîcheur. Les œufs complétement vernis ou couverts d'une couche de collodion peuvent se conserver longtemps, à la condition que

le vernis ou le collodion ne s'écailleront pas par place. Enfin les
œufs plongés dans l'huile ou seulement huilés sur toute leur surface se conservent frais pendant plusieurs jours, et perdent peu
de leurs qualités même après un temps plus long.

Étienne Geoffroy Saint-Hilaire renouvela les expériences de
Réaumur, mais dans un autre but. Il mit du vernis sur une partie de la coquille d'œufs soumis depuis deux ou trois jours à l'incubation de manière à rendre les parties enduites imperméables à
l'air extérieur, et il a obtenu, suivant le degré de développement
de l'embryon au moment de l'expérience, un assez grand nombre
de monstruosités ou d'anomalies, correspondant toutes, par arrêt
de développement, aux portions de la coquille privées de communication avec l'air extérieur.

Tout récemment, M. Dareste, poursuivant les mêmes recherches, est arrivé à obtenir un plus grand nombre d'anomalies, en
employant au même usage et par le même procédé l'huile de
préférence au vernis. Les œufs ainsi préparés et soumis à l'incubation artificielle lui ont présenté trois ordres de faits bien différents. Tantôt l'embryon ne s'est point développé, tantôt il s'est
développé d'une manière normale, mais il a toujours péri plus
tôt ou plus tard, et sans avoir jamais atteint l'époque de l'éclosion;
tantôt enfin le développement s'est opéré d'une manière anomale.
Si la perméabilité de la coquille n'était suffisamment indiquée
par la raison, les expériences que nous venons de citer ne laisse-
raient aucun doute.

Revenons à la question, et terminons l'histoire de l'œuf en parlant de sa forme et de sa coloration : la forme de l'œuf varie depuis la sphère la plus parfaite jusqu'à l'ovale le plus allongé et
l'ellipse la plus aiguë. Cette variation a été remarquée par la plupart des auteurs qui ont traité de l'œuf des oiseaux; mais tous
l'ont attribuée à un pur caprice de la nature. Cependant la forme
de l'œuf est constante chez les individus d'un même groupe :

toujours sphérique chez les uns, ovalaire chez les autres ;
figurant parfois un cylindre plus ou moins allongé, avec les
deux extrémités arrondies ; représentant le plus souvent l'ovoïde,
elle est chez plusieurs très-aiguë à un pôle et obtuse à l'autre, et
chez quelques-uns renflée vers le milieu de la longueur, et se
terminant en pointe plus ou moins arrondie aux deux extrémités. Ces six formes sont les principales et les seules vraiment
caractéristiques pour les groupes d'oiseaux ; mais on retrouve
dans les divers genres qui composent cette série zoologique
toutes les nuances de forme intermédiaires, et tous les degrés de
transition de l'une à l'autre, ce qui n'arrive alors qu'accidentellement et par exception au principe général que nous avons posé
depuis longtemps. C'est ce qui nous a fait donner un nom à ces
formes typiques réduites à six : 1° *sphérique ;* 2° *ovalaire ;*
3° *cylindrique ;* 4° *ovée ;* 5° *ovoïconique,* et 6° *elliptique.*

A la forme sphérique se rapportent les œufs de presque tous
les rapaces nocturnes, ceux de la plupart des Gorfous ou Manchots,
des Couroucous, des Martins-pêcheurs, des Guêpiers et des Tou-
racos ; à la forme ovalaire, ceux de presque tous les rapaces diurnes, des Perroquets, des Oiseaux-mouches, des Pigeons, des
Tinamous, des Outardes, des Autruches, des Casoars, des Hérons,
des Canards et des Pétrels ; à la forme cylindrique, ceux des Engoulevents, des Mégapodes et des Gangas ; à la forme ovée, la
plus générale, les œufs de presque tous les Passereaux, de presque
tous les Gallinacés et de tous les Goëlands et Hirondelles de
mer ; à la forme ovoïconique, la presque totalité des Échassiers ;
enfin à la forme elliptique, ceux des Pélicans, des Frégates, des
Fous, des Anhingas et des Cormorans.

La coloration de la coquille présente aussi de nombreuses variétés. Il faut distinguer d'abord les œufs sur lesquels elle est uniforme de ton, et ceux sur lesquels ce même ton est recouvert de
tachés de couleurs différentes et affectant des formes de macu-

lature qui aident singulièrement à distinguer certaines familles entre elles.

On ne paraît pas encore fixé sur la cause des diverses formes des œufs. Tant que l'ovule reste attaché à la grappe de l'ovaire, il est de forme sphérique ou globuleuse ; mais, une fois qu'il s'est détaché pour glisser dans l'oviducte, et qu'il s'est enveloppé des diverses couches d'albumine, il subit toutes les influences de la forme et des dimensions de ce conduit tubuleux : s'allongeant si celui-ci est plus ou moins étroit et allongé, conservant au contraire sa figure sphéroïdale s'il est plus court ou plus large. L'œuf, sous ce rapport, n'est donc pas soumis exclusivement à la seule action de la pesanteur, comme on l'a supposé. Cette forme variant d'ailleurs dans les différents groupes ornithologiques, tout en demeurant, sous ces diverses modifications, fixe pour chacun d'eux, il en résulte qu'il faut admettre *à priori* que ces variations dépendent de celles que subit l'oviducte lui-même, et qui se trouveraient en rapport avec les différences et les modifications organiques ou morphologiques auxquelles sont soumis les types de ces groupes.

On n'est pas plus édifié sur la cause et l'origine des couleurs de la coquille que sur celles de sa forme. Jusqu'à ces derniers temps, on a toujours cru, nous les premiers depuis plus de vingt ans, et nous sommes disposés à admettre encore, que les différentes teintes que présentent les taches superficielles de la coquille ne se forment que dans l'oviducte, et à l'instant où l'œuf, en le parcourant pour arriver au cloaque, en distend les parois par son volume et provoque les sécrétions de la partie inférieure de ce canal ; l'effet de cette exsudation met en présence les particules ferrugineuses et calcaires, dont la combinaison s'opère immédiatement, mais doit être modifiée par l'action des gaz propres à chacune des substances en contact. Cela est d'autant plus vraisemblable que la forme des taches déposées sur la coquille reproduit généralement l'impression exacte et l'image parfaite des gouttes de sang exsudées, soit des parois de l'oviducte, soit de celles des fausses membranes refoulées au dehors. Ces images se montrent tantôt régulièrement dessinées, et plus ou moins arrondies ou oblongues, si la résistance dans la marche de l'œuf est faible; tantôt sous l'aspect d'une éclaboussure ou d'une goutte comprimée, si cette résistance est forte; tantôt, et plus rarement, sous forme de lignes plus ou moins sinueuses, ce qui dénote une exsudation qui se continue sur le même point pendant tout le temps que l'œuf met à le franchir. Une des raisons les plus puissantes à l'appui de cette théorie, c'est que la coquille a déjà atteint son entier développement et presque toute sa solidité à la partie inférieure de l'oviducte, et qu'on n'y aperçoit encore aucune trace de coloration. On peut encore dire que les taches colorées ne sont pas toutes à la surface de la coquille; quelques-unes sont comme entre deux couches calcaires, à travers lesquelles elles paraissent en demi-teinte, d'où l'on conclut que la matière calcaire se dépose progressivement et en avançant vers l'extrémité inférieure de l'oviducte.

Le docteur Cornay, conséquent dans son système, a cherché à détruire cette explication, en disant que la membrane qui retient l'œuf attaché à l'ovaire sécrète la matière calcaire ainsi que la matière colorante, mais les faits semblent démontrer le contraire.

Si l'on n'a vu une collection assez complète de ces œufs, il est impossible de soupçonner la richesse et la variété des teintes qui ornent cette enveloppe calcaire en apparence si insignifiante. Une collection de ce genre devrait figurer dans nos musées pour compléter celle des oiseaux.

Les couleurs, soit simples, soit composées, dont les peintres couvrent leur palette se rencontrent diversement réparties sur la coquille des œufs. Les uns sont blancs, les autres verts, ceux-ci bleus, ceux-là maculés de rouge; quelques-uns sont roses, d'autres orangés; d'autres ont des taches ou de brun, ou d'ocre rouge, ou de gris ou de noir; on en voit de vert olive, de brun uni, de couleur fauve, enfin de toutes les combinaisons de couleurs dont la nature a fait un si bel emploi dans les œuvres de la création.

La coquille des œufs d'oiseaux est, en général, ou d'une couleur unie et sans tache, ou diversement maculée sur un fond plus ou moins clair. Les nuances affectées par les œufs teintés d'une manière uniforme sont : le blanc pur, le blanc bleuâtre, le blanc verdâtre, le vert d'eau, le vert de mer, le vert olive, le brun-jaune, le brun-rouge, le rose, le lilas, le gris de fer. Cette unité de teinte paraît éminemment caractéristique pour la distinction de certaines familles ou de certains ordres : elle est constante, comme la forme de l'œuf, dans les espèces ou genres d'une même famille, et ne varie que dans sa nuance ou son degré d'intensité.

Quant aux couleurs des taches superposées à cette teinte, elles passent par toutes les nuances intermédiaires que nous venons d'indiquer. Mais c'est moins la teinte sous laquelle elles apparaissent à la surface de la coquille qui est à remarquer que leur forme ou leur disposition. Les unes sont rondes ou arrondies, les autres anguleuses ou carrées; il y en a qui ne présentent que des raies très-fines en forme de chevelure, et en zigzag, ou des espèces de veines marbrées ou onduleuses. Elles sont, en outre, plus ou moins détachées du fond de la coquille : les unes y paraissent appliquées après coup, les autres semblent se fondre d'une manière insensible dans la nuance qui en décore la surface. Enfin ces taches ne sont pas toutes réparties de la même façon sur l'enveloppe calcaire de l'œuf: tantôt elles la couvrent uniformément, tantôt, et plus généralement, elles n'en garnissent qu'un bout en forme de couronne, ou le centre en guise de zone; circonstances

importantes à bien observer pour distinguer les genres et les
familles, et qui, combinées avec la nuance de la couleur du fond,
sont autant de moyens presque infaillibles de parvenir à cette distinction.

Nos études sur la coloration des coquilles nous ont permis d'é-
tablir depuis plus de vingt ans, 1° qu'il n'existe pas un seul oiseau
aquatique dont les œufs aient une coquille luisante et lustrée :
cette qualité n'étant propre, dans des degrés infiniment variés,
qu'aux œufs des oiseaux terrestres ; 2° que la couleur des œufs ne
varie en aucune manière, dans la même espèce, d'un climat à un
autre ; 3° que le mode de coloration, tout en variant indéfini-
ment d'une espèce à une autre, est cependant constant dans plusieurs groupes ; 4° que la forme des taches, à part leurs couleurs,
est également constante dans plusieurs groupes.

L'œuf des oiseaux peut donc, à l'aide de ces principes, fournir
des caractères assez fixes pour figurer avec avantage au nombre
des éléments si divers d'une bonne classification naturelle.

Fig. 215. — Nid de Roitelet huppé.

SEPTIÈME LEÇON

Fabrication du nid.

———

Nous ne prêterons pas aux oiseaux plus de sentiments ni d'instincts qu'ils n'en ont. On connaît leur insouciance et leur légèreté, résultat de la mobilité de leur nature, dont le mouvement est la condition première. Cependant il arrive un moment où se fait sentir un besoin impérieux qui, chez les oiseaux, domine toutes les autres affections : ce moment est notre printemps, ou la saison qui y correspond dans toutes les parties du globe; ce besoin est celui de la reproduction de l'espèce.

Dès que le soleil commence à exercer son influence vivifiante sur les plantes et les animaux, la plupart des oiseaux s'assemblent par couples, et se préoccupent pendant quelques jours de l'endroit où ils pourront déposer leur précieux dépôt, et c'est ici que se montre dans tout son jour l'admirable providence qui préside à la reproduction et à la conservation des diverses espèces.

Il faut que l'attrait le plus puissant contraigne l'oiseau à l'exécution de cette loi; car, depuis le jour où le berceau de la future

19.

famille sera commencé, jusqu'à celui où tous les petits seront en
état de pourvoir à leur subsistance et à leur défense, que de pri-
vations, que de cruelles inquiétudes pour les parents! Heureuse,
en effet, la couvée qui échappera tout entière aux nombreux dangers qui se succéderont!

Une fois le lieu choisi, le mâle et la femelle consacreront tous
leurs instants à rassembler des matériaux convenables, tels que
des feuilles, des herbes, des mousses, des matières cotonneuses
et des aigrettes de végétaux, des flocons de laine, du duvet,
des crins ou même de petites branches; on les voit travailler sans
relâche et mettre en œuvre toutes ces matières.

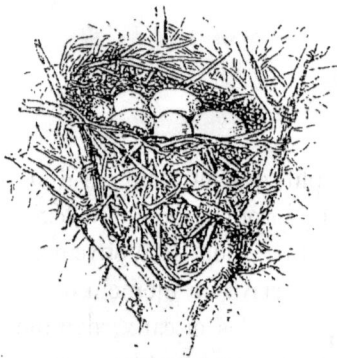

Fig. 214.
Nid de Bec-fin phragmite.

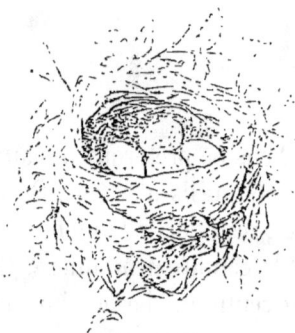

Fig. 215.
Nid de Pie-grièche grise.

C'est que, indépendamment du besoin de s'unir, dit Buffon,
tout mariage suppose une nécessité d'arrangement pour soi-
même et pour ce qui doit en résulter. Les oiseaux, qui sont forcés pour déposer leurs œufs de construire un nid que la femelle
commence par nécessité, et auquel le mâle amoureux travaille par
complaisance, s'occupent ensemble de cet ouvrage, prennent de
l'attachement l'un pour l'autre; les soins multipliés, les secours
mutuels, les inquiétudes communes, fortifient ce sentiment, qui

augmente encore et qui devient plus durable par une seconde nécessité : celle de ne pas laisser refroidir les œufs, ni perdre le
fruit de leurs amours, pour lequel ils ont déjà pris tant de soins.
La femelle ne pouvant les quitter, le mâle va chercher et lui
apporte sa subsistance ; quelquefois même il la remplace, ou se
place à côté d'elle pour augmenter la chaleur du nid et partager
les ennuis de la situation. L'attachement qui vient de succéder à
l'amour subsiste dans toute sa force pendant le temps de l'incubation, et il paraît s'accroître encore et s'épanouir davantage à la

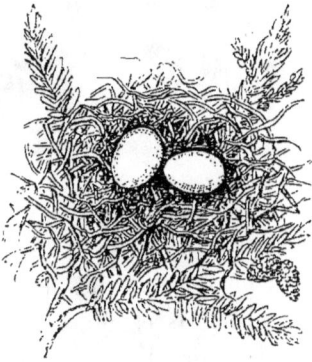

Fig. 216.
Nid de Tourterelle.

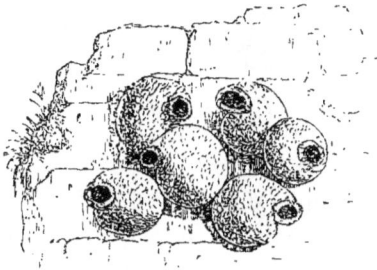

Fig. 217.
Nid d'Hirondelle rousseline.

naissance des petits : c'est une autre jouissance, mais en même
temps ce sont de nouveaux liens ; leur éducation devient l'objet
de la plus vive sollicitude, et pendant toute la durée de ces soins
les oiseaux nous offrent l'exemple des plus heureux ménages.

Il y a néanmoins des exceptions : quelques oiseaux sont incon-
stants et abandonnent leurs femelles dès qu'elles commencent
à couver ; d'autres, comme nous le dirons plus loin, ne font point
de nid et sont presque toujours polygames, ce qui tendrait à prou-
ver, dit encore Buffon, que le principal mobile des pariades chez
les oiseaux se trouve dans la nécessité d'un travail en commun.

Quoique les oiseaux dont les petits sont trop faibles pour se
soutenir sur leurs pieds dès l'instant de leur naissance placent

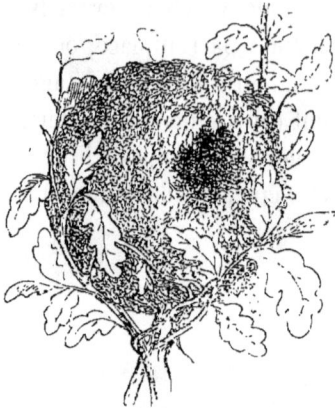

Fig. 218.
Nid de Troglodyte.

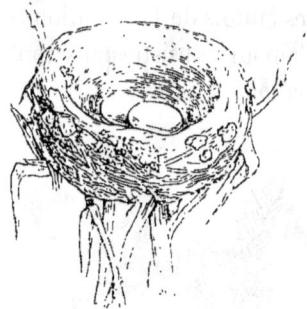

Fig. 219.
Nid d'Oiseau-mouche

leurs nids sur des arbres, parmi des rochers et dans des lieux
élevés, et que ceux dont les petits sont déjà forts et agiles à la
sortie de l'œuf nichent ordinairement dans des lieux bas, au

Fig. 220. — Nid de Cincle plongeur.

pied des buissons, ou près des eaux, cependant chaque genre,
chaque famille, a des usages différents ; ce qui n'empêche pas
que chaque espèce ait aussi sa manière particulière de fabri-

quer son nid, dont la forme et les éléments sont toujours les
mêmes. On ne peut se lasser d'admirer le talent des oiseaux et
l'instinct avec lequel ils satisfont à ces divers besoins. Ils trouvent dans leur propre industrie des moyens de remédier aux
obstacles qui se présentent, soit en plaçant leur nid dans des
endroits inaccessibles, soit en l'exposant au sommet des arbres
et dans des lieux où notre vue ni celle de leurs ennemis ne
peuvent atteindre.

Fig. 221. — Nid de Corbeau freux.

Les nids diffèrent entre eux principalement par leur composition, par leur forme et par leur situation. Ils sont séparés ou
groupés, à une seule loge ou divisés par chambrées, placés sur la
cime des arbres, sur des branches, dans les buissons, dans des
trous, sous des racines; tantôt suspendus par une anse comme des
berceaux allant au gré du vent, et tantôt flottant sur les eaux

comme une nacelle. On les trouve aussi attachés entre des roseaux, déposés dans les creux des rochers, dans des terriers, dans des buttes de sable où des meules de foin ramassé par eux-mêmes, sur la terre nue ou parmi les herbes.

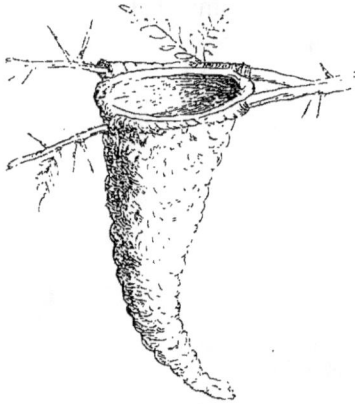

Fig. 222.
Nid de Gobe-mouche huppé.

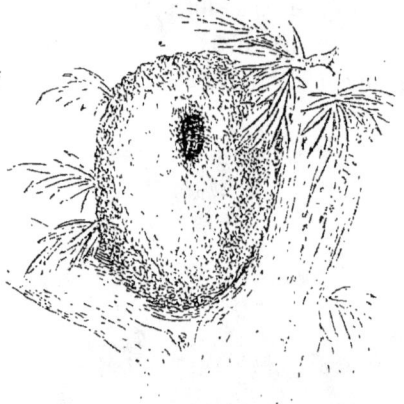

Fig. 223.
Nid de Mésange à longue queue.

Leur forme n'est pas moins variée : elle est plate, concave, arrondie, globuleuse, cylindrique, ouverte ou sur les côtés ou en dessous, et quelquefois semblable à un entonnoir, à une cornue, ou à un nautile.

Les nids ou aires de la plupart des oiseaux de proie diurnes ont une forme large, évasée, et sont composés d'un amas de bûchettes garnies de feuillages : on les voit au sommet des rochers ou sur les arbres élevés des forêts; c'est le fait de presque tous les Vautours, des Aigles et de la plupart des Faucons : cependant les Cresserelles nichent dans des trous de ruines ou de vieux murs et à nu, sans aucune préparation; les Busards et le Messager nichent sur les buissons ou sur le sol.

Les oiseaux de proie nocturnes nichent généralement dans

des trous d'arbres; quelques-uns disposent des brindilles, des
feuilles sèches, à l'enfourchure
des branches; d'autres dans les
clochers ou les vieux murs;
un plus petit nombre dans des
trous en terre ou dans des terriers abandonnés par certains
mammifères fouisseurs , de
même que d'autres profitent
des anciens nids de Buses ou
de Pies.

Tous les zygodactyles, tels
que les Musophages, les Perroquets, les Pies, les Toucans,

Fig. 224. — Nid de Hibou.

les Couroucous, les Barbus et les Tamatias, nichent exclusivement
dans des trous d'arbres. Il n'y a d'exception, dans cet ordre, que
pour les Coucous, dont le plus grand nombre déposent leurs œufs
dans les nids d'autres oiseaux; d'autres enfin, tels que les Anis
ou Crotophages, forment une petite société de plusieurs couples
pour construire un seul nid, dans lequel ils pondent, couvent en
commun, et partagent les soins à donner à tous les petits.

Les Martins-pêcheurs et les Guêpiers nichent dans des trous
qu'ils pratiquent horizontalement dans les sables des rochers ou
dans ceux des rives des fleuves.

Les Podarges s'établissent dans des trous d'arbres; les Engoulevents pondent et nichent presque tous à terre; et le Stéatornis
ou Guacharo construit un nid moitié en terre, moitié en brindilles végétales, dans un trou ou renfoncement de rochers, et toujours sous les cavernes ou au flanc des précipices les plus profonds et les plus obscurs.

Les Martinets nichent, sans préparation, dans les trous de rochers et de hautes murailles, ou même de clochers. Quant aux Hi-

rondelles, tout le monde sait comment procèdent les nôtres ; mais il en est un grand nombre qui nichent dans des trous profonds, horizontalement percés sur le flanc de terres ou roches sableuses, et plusieurs, dans ce cas, font précéder ce trou d'un long tuyau extérieur également en sable, mais mastiqué et solidifié par elles, et dont l'orifice leur sert d'entrée et les préserve ainsi elles et leurs couvées de l'atteinte des reptiles ou des rongeurs. A propos des Hirondelles, nous devons signaler les Salanganes, dont le nid gélatineux, si recherché par les Chinois et les Javanais, fournit, dit-on, un assaisonnement délicieux.

Fig. 225. — Nid de Salangane.

Les Calaos se distinguent par une singulière habitude : ils nichent dans des trous d'arbres dont le mâle maçonne l'entrée pour emprisonner la femelle pendant toute la durée de l'incubation et de la première éducation des petits. Il ne laisse qu'une ouverture suffisante pour passer le bec et la nourriture qu'il apporte. Quand les petits sont assez forts, la muraille est démolie et la prisonnière rendue avec sa couvée à la liberté. C'est un mode de nidification et une particularité de mœurs qui rapprochent beaucoup, ainsi que nous avons eu déjà plus d'une occasion de l'observer, notre Huppe ou *Pu-pu* des Calaos.

La tribu des Oiseaux-mouches, si uniforme dans son organisa-

tion et sa manière de vivre, offre la plus grande variété de nids :
ils sont en forme de coupe, de boule ou de longs cornets. Il en
est de même des Souï-mangas et des Philédons.

Fig. 226. — Nid de Colibri ermite, d'après Gould.

Les Fourniers sont ainsi nommés par les colons d'Amérique à
cause de la forme singulière qu'ils donnent à leur nid, qui rappelle celle d'un four construit en terre mouillée, et dont la galerie
intérieure se contourne en spirale comme la coquille du Limaçon.

Qui n'a vu et admiré le nid des Mésanges, surtout celui de la
Penduline, composé avec la bourre soyeuse des chatons du saule
et du peuplier blanc, qu'elle suspend à l'extrémité d'une branche
très-flexible? La Penduline du Cap construit sur les mimosas un

nid à peu près semblable et encore plus délicat, tant il est petit ; mais elle y ajoute en dehors une petite cupule, une petite retraite, destinée à recevoir tour à tour le mâle et la femelle pendant qu'ils se partagent les fatigues de l'incubation.

Règle générale : tous les oiseaux dont le nid a la forme allongée et l'ouverture tournée en bas habitent les tropiques ou les parties les plus chaudes des deux mondes, et ne construisent ainsi

Fig. 227.
Nid de Tisserin mahali.

Fig. 228.
Nid de Tisserin à tête jaune.

qu'afin de mettre leurs œufs et leurs couvées à l'abri des mammifères grimpeurs et des reptiles de toute sorte qui abondent dans ces régions.

Il en est encore ainsi des Cassiques, des Carouges et des Troupiales de l'Amérique : leurs nids sont faits avec encore plus d'art. Composés avec des tiges de graminées fort longues, ils ont une forme ovale ou allongée et sont établis en tubes cylindriques. Le nid, fortement attaché par une extrémité à une branche, flotte

librement dans le reste de sa longueur, qui a quelquefois de un
à deux mètres. Il n'est ouvert qu'à son extrémité inférieure ; et

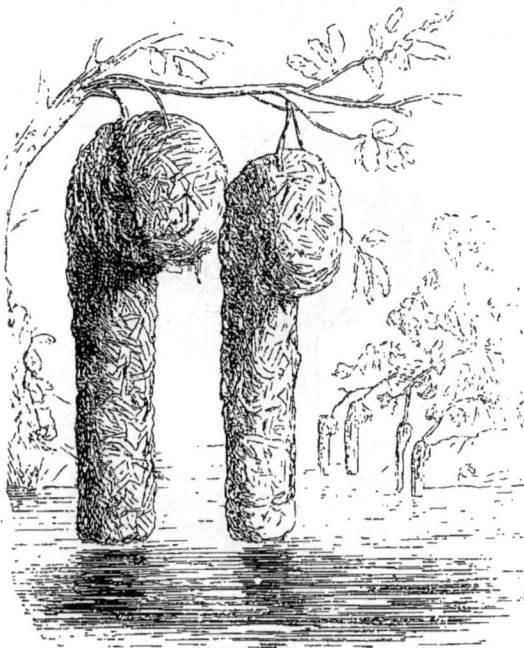

Fig. 229. — Nid de Tisserin nélicourvi.

l'endroit destiné à la nichée et à la couveuse est renflé et forme
une retraite à quarante ou cinquante centimètres de cette ouverture, par laquelle chaque couple monte pour arriver jusqu'au
nid : sa forme générale constitue une espèce d'alambic, et l'on
en compte souvent plusieurs centaines suspendus aux branches
d'un seul arbre. Quelques-uns de ces oiseaux donnent à leur nid
la forme d'une bourse, avec deux ouvertures, l'une à son extrémité et l'autre sur le côté ; quelques espèces donnent à leurs nids
la forme d'une demi-sphère garnie en dedans de quatre loges.

Il en est encore de même des oiseaux que pour cette cause on nomme Tisserins (ou *Tisserands*) en Afrique et dans l'Inde. Ils vivent en société et sont connus aussi sous le nom de Républicains. On trouve fréquemment plus de cinquante ou soixante de ces nids sur le même arbre.

Fig. 250. — Nids de Républicains.

Parmi les Fauvettes, celles de roseaux sont remarquables pour leur mode de nidification. Notre Effarvatte, par exemple, enlace le sien autour de sept à huit tiges du même pied de roseau; et ces tiges, au milieu desquelles se trouve placé le nid, sont assez peu serrées par cet entrelacement pour permettre au nid de monter ou de descendre selon que le niveau de l'eau, qui en touche le fond, s'élève ou s'abaisse.

C'est ce que font aussi, mais d'une manière beaucoup moins parfaite, quelques espèces d'oiseaux d'ordres différents, telles que des Marouettes, des Râles, des Poules d'eau et certains Canards

Les Orthotomes, autre famille de Fauvettes de l'Inde, dont le nom latin et anglais peut se traduire par *couturière*, ne sont pas moins remarquables. Une de ces espèces place son nid dans une feuille large, pliée en cornet, parce que l'oiseau prend soin d'en rapprocher les deux bords, en les cousant ensemble au moyen d'un brin d'herbe qui lui sert de fil, et qu'il passe dans

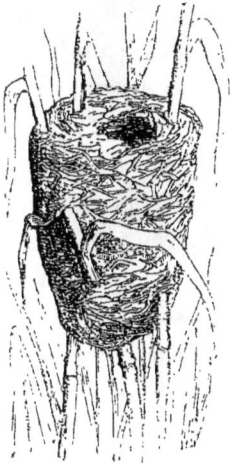

Fig. 231.
Nid de Fauvette de roseaux.

Fig 232.
Nid de Troupiale baltimore.

des trous percés successivement à l'aide du bec. Une autre le place entre deux feuilles, dont la supérieure sert de toiture au nid, sur les bords duquel elle est cousue tout autour de sa circonférence de la même manière, mais avec une substance cotonneuse, ne laissant qu'un petit espace sans couture qui sert d'entrée à l'oiseau.

Les Corbeaux et les Pigeons, lorsqu'ils nichent sur les arbres, ont un nid très-grossier : ils ne le composent que de quelques bûchettes formant une claire-voie qui permet souvent de voir la couveuse et ses œufs.

Les Moineaux donnent à leur nid la forme d'une boule avec une entrée latérale ; et, loin des habitations, ces derniers en réunissent plusieurs sur le même arbre.

Les grands Coureurs, les Gallinacés et presque tous les Échassiers passent pour construire leur nid avec peu de soin : les premiers, dans les déserts et dans les champs ; les seconds, sur les rivages, dans les marais, ou même sur les rochers à fleur d'eau. Il en est de même de presque tous les oiseaux à pieds palmés.

Les Autruches et les Casoars se bornent à creuser, avec leurs pieds, dans le sable ou au milieu des herbes, un vaste trou circulaire destiné à recevoir leurs œufs. Mais les Mégapodes et les Talégalles, ces oiseaux demi-gallinacés et demi-coureurs, des Célèbes, de l'Océanie et de l'Australie, se donnent un peu plus de peine. Les premiers déposent leurs œufs sur une couche de sable, et les recouvrent d'un monticule, abandonnant ensuite le soin de l'éclosion à l'action du soleil. Les seconds, au lieu d'un monticule de sable, forment d'énormes meules de foin au milieu desquelles se trouvent leurs œufs. Mais ces meules sont l'œuvre de plusieurs couples de ces oiseaux réunis, qui ont soin de procéder par couches successives d'œufs, alternées de couches de foin : ils y placent les œufs dans une position perpendiculaire, et l'action combinée de la chaleur résultant de la fermentation de l'herbe ainsi accumulée et de la chaleur du soleil produit le résultat d'une incubation naturelle et suffit pour amener l'éclosion.

Enfin les Goëlands, les Hirondelles de mer, les Macareux, les Pingouins, les Guillemots et les Pétrels, ne font pas de nids : ils pondent indistinctement sur le sable, sur la grève ou sur la roche nue, parfois dans des trous de rochers. Parmi les Manchots, les uns se comportent de même, les autres se pratiquent des terriers ou profitent de terriers abandonnés.

Quant aux Cygnes, aux Oies et aux Canards, les uns construisent leurs nids avec des graminées, du goëmon ou du varech; les
autres nichent sur les arbres ; plusieurs font des terriers, tels que
l'Oie d'Égypte, le Canard tadorne, etc.

En général, les besoins ordinaires de la vie et les moyens d'y
pourvoir, qui seront pour les petits les mêmes que pour les parents, décident du lieu où le nid doit être placé, tandis que la
façon dont il doit être construit est subordonnée aux soins particuliers que nécessiteront les petits.

Toutefois la constance des procédés pour édifier les nids présente, chez les oiseaux, de nombreuses exceptions; leur construction n'est pas toujours la même pour chaque individu d'une
même espèce, en sorte que l'on pourrait dire que, jusqu'à un
certain point, les oiseaux ne sont pas astreints d'une manière
absolue à des règles fixes. C'est ce qu'on peut souvent observer sous le rapport de l'emplacement. Une foule de causes diverses, que nous ne pouvons facilement discerner, les guident
dans leur choix; et souvent ce choix nous paraît surprenant, sans
que nous puissions deviner pourquoi ils s'écartent tant de leurs
habitudes.

Autant les oiseaux mettent de soin dans le choix d'un emplacement pour la construction de leur nid, autant ils en apportent dans le choix des matériaux qui le composent. Ils bâtissent
un nid pour conserver la chaleur nécessaire à l'incubation, et
pour offrir aux petits une couche molle et douce. C'est pour ces
deux raisons que les nids ingénieux des petits oiseaux des bois
sont rembourrés si délicatement, leurs petits naissant entièrement privés de plumes. Quant aux gallinacés, aux oiseaux nageurs
et de marais, dont les petits sont, pour la plupart, revêtus, à la
sortie de l'œuf, d'un duvet tendre semblable à de la soie, ils n'ont
pas besoin d'un lit aussi chaud; et d'ailleurs ils sortent tout de
suite avec leur mère à la recherche de leur nourriture, tandis que

pendant longtemps il faut l'apporter aux premiers, qui restent dans leur berceau.

La grande préoccupation des oiseaux est de cacher leurs nids aux yeux de leurs ennemis, et d'en rendre l'abord difficile. L'oiseau parvient le plus souvent à remplir ces conditions, non-seulement par la forme, mais encore par la composition du nid. Ordinairement, le nid se compose de deux ou trois couches de matériaux différents : la couche extérieure, celle qui doit soutenir l'édifice, se compose des plus grossiers; puis la seconde couche, de matériaux plus fins; et enfin, à l'intérieur, se trouvent les plus mous. La plupart des nids qui sont sur des arbres ou des branches sont construits d'après ces règles, et les grands oiseaux emploient des matériaux plus grossiers que les petits. Les nids des oiseaux de proie et des Corneilles se composent extérieurement de rameaux secs, forts et faibles, puis de tiges et de racines plus fines, et, à l'intérieur, de mousse, de poils, etc.; souvent la couche du milieu est mêlée de terre et d'argile, ce qui donne plus de solidité à la construction.

La plupart des nids des petits oiseaux sont construits suivant le même mode, mais seulement avec des matériaux plus fins : car, tandis que la Corneille emporte dans son nid des paquets entiers de soies de porc, la Pie-grièche-écorcheur met dans le sien quelque crins de cheval. L'intérieur du nid d'un grand nombre de petits oiseaux chanteurs est tapissé avec une délicatesse extraordinaire, mais chaque espèce a ses matériaux particuliers. Plusieurs emploient des plumes, de la laine, du coton, des poils; d'autres, seulement une seule de ces matières, et toujours la même. Ainsi dans le nid de la Fauvette babillarde on ne trouve que quelques crins; dans celui du Linot, toujours de la laine ou du coton, rarement quelques poils; dans celui de la Mésange à longue queue il n'y a que des plumes; mais, dans beaucoup d'autres nids, on trouve toutes ces matières réunies. Il y a parmi

eux des architectes si capricieux, que, dans le choix de ces matières, ils montrent un goût tout particulier : le Pouillot : par
exemple, ne met dans son nid que des plumes de Perdrix.

Fig. 233. — Nid de Mérion azuré, d'après Gould.

Ainsi plusieurs espèces d'oiseaux ont leurs matériaux de
prédilection, et, quand ils en trouvent dans leur voisinage, ils

s'en servent exclusivement pour la construction de leur nid. Le
Linot, par exemple, trouve en quantité, dans les lieux qu'il fré-
quente, une certaine plante, le *gnaphalium dioïcum*, cotonnière
ou pied-de-chat : aussi tous les individus de l'espèce qui nichent
dans nos contrées, en Allemagne surtout, recouvrent leur nid de
cette petite plante molle. Le Merle enduit de terre trempée l'intérieur du sien quand il le construit sur des branches; mais, quand
il le place dans un trou d'arbre ou dans un tronc creux, il n'y
met plus d'enduit, il le tapisse de mousse. La Grive choisit une
matière toute particulière pour façonner l'intérieur de son nid :
on a cru que c'était de la bouse de vache, mais à tort; c'est sim-
plement du bois pourri bien trituré, rarement mêlé de glaise et
d'argile. L'oiseau l'agglutine avec sa salive et il l'étend et le lisse
avec son bec.

Pour le choix des matériaux extérieurs, nous trouvons les oiseaux non moins capricieux. Ainsi, au nid assez artistement tra-
vaillé de la Fauvette à poitrine jaune, il y a toujours une foule de
petits morceaux d'écorce ou plutôt de la pellicule blanche du
bouleau; et, quand cet arbre ne se trouve pas dans le voisinage,
l'oiseau emploie la dépouille des chrysalides et la soie ou le fil de
divers insectes. La Pie bâtit son nid avec des épines, le tapisse
intérieurement de terre; et sur cette couche elle place des racines
tendres et de petites fibrilles de végétaux, pour y déposer ses
œufs : le tout est recouvert d'un dôme ou toiture en épines;
l'entrée est sur le côté. Les nids de Corbeau sont dans le même
genre, mais ils n'ont pas de toit. Beaucoup d'oiseaux qui nichent
sur les arbres et les branches se bâtissent un nid, mais à parois
si minces, que l'on peut voir au travers et que l'on a peine à concevoir comment ils parviennent à y faire éclore leurs œufs et à
garantir leurs petits du froid.

Les matériaux pour la construction du nid sont toujours choisis selon le lieu et le temps du séjour de l'oiseau. Cette remarque

s'applique particulièrement à la couche extérieure, et souvent le
nid a encore une enveloppe spéciale composée de ce qui se trouve

Fig. 254. — Nid de Rhipidure ou Queue en éventail, d'après Gould.

le plus en abondance dans les environs : mesure de précaution
contre les regards de l'homme et des autres ennemis. Comment

ne pas admirer l'art prodigieux avec lequel la Mésange à longue
queue et le Pinson commun revêtent l'extérieur de leur nid de
ces mousses grises ou lichens qui croissent sur l'arbre même où
il est construit ou sur d'autres arbres de la même essence?
L'œil le plus exercé ne s'y arrête pas, et croit voir une branche
couverte de mousse. Naumann dit avoir vu un jour un nid de
Mésange à longue queue placé au milieu de tiges de houblon, et
sans aucune trace extérieure de mousse sèche ni de lichen.
C'est qu'en effet cela n'était pas nécessaire : car dans les branches vertes et les feuilles du houblon il ne croît aucun de ces
cryptogames; et si le nid, comme d'habitude, en avait été re-
vêtu, il aurait bien plus frappé les yeux. Il fallait donc que l'oiseau employât un autre moyen pour atteindre son but, et l'ingénieux architecte avait construit le sien en mousse toute verte qui
ne paraissait nullement au milieu des feuilles.

Beaucoup d'oiseaux qui construisent leurs nids avec moins
d'art que les précédents choisissent de même, toujours de préférence, les matériaux qui se trouvent le plus à leur portée : ainsi
nous les voyons construits, au milieu du gazon, avec des brins
d'herbe sèche; au milieu de la mousse, avec de la mousse, etc.
Les espèces qui nichent dans les marais et les eaux prennent des
plantes aquatiques, des roseaux, des joncs, etc., comme le Buzard
et les espèces de Passereaux de roseaux.

Les oiseaux d'eau et la plupart des oiseaux de marais, ainsi que
les gallinacés, nichent toujours dans le voisinage des lieux où
les matériaux qui leur conviennent se trouvent en abondance, et
ils les apportent dans leur bec, soit en nageant, soit en marchant. Les plumes que l'on trouve dans les nids des Canards
sont les plumes mêmes de la femelle, qu'elle s'arrache en couvant. L'Oie sauvage commune emporte souvent du jonc sec sur la
cime des vieux saules, mais jamais elle ne va le chercher loin ;
elle le prend le plus près possible, l'apporte, en courant, au pied

de l'arbre, et alors l'enlève jusqu'au haut en volant. Les Plongeurs vont chercher leurs matériaux au fond de l'eau; ils y arrachent les plantes aquatiques qui commencent à pourrir, puis les apportent à la surface de l'eau. On voit le mâle et la femelle s'occuper de ce travail et ramener souvent ensemble de grandes masses de ces plantes de diverses espèces pour en former un nid flottant

Les oiseaux de proie emportent les matériaux de leurs nids dans leurs serres; presque tous les autres oiseaux dans leur bec.

Quelquefois les oiseaux vont chercher ces matériaux très-loin, surtout ceux qui ne se trouvent pas partout en abondance; et l'on a souvent peine à comprendre que tant de petits oiseaux puissent se procurer la quantité de plumes, de laine ou de poils qu'on trouve dans leurs nids. Ils déploient tant d'activité dans cette recherche, qu'à peine se laissent-ils effrayer par la présence des hommes; mais ils n'aiment pas à être observés pendant leur travail, qu'ils suspendent par moments quand ils voient qu'on fait attention à eux. Cette remarque s'applique non-seulement aux petits oiseaux des bois, généralement plus habitués à la vue des passants ou des bûcherons, mais aussi à beaucoup d'autres oiseaux plus grands, qui se montrent bien moins farouches pendant l'incubation qu'à toute autre époque. Il est vraiment intéressant d'assister dans nos jardins à la construction du nid d'un couple de petits oiseaux chanteurs. Tous leurs mouvements marquent la joie et le bien-être : ils traînent les matériaux de leur petit édifice avec les plus grands efforts, tout vit en eux, tout est dans la plus active ardeur; et souvent leur application est telle, qu'ils semblent ne pas voir le promeneur qui passe à chaque instant près d'eux. Les premières fondations sont posées en commun par le mâle et la femelle; ensuite la femelle se place dessus, dispose les matériaux apportés par le mâle, les range autour d'elle et les entrelace. On la voit dans une

agitation continuelle ; elle se meut et tourne en cercle, afin de
donner ainsi au nid une forme arrondie et la dimension convenable. Si le mâle ne peut pas apporter les matériaux assez rapidement, la femelle s'envole aussi et va chercher elle-même ce
dont elle a besoin. Naturellement les nids peu artistement travail-
lés sont bientôt achevés; tandis que les nids les plus industrieux
demandent plusieurs jours, et même jusqu'à deux semaines pour
être entièrement terminés. Du reste, la durée de ce travail varie
selon que le temps est plus ou moins beau : car en temps de pluie
le travail cesse, et les variations de la température retardent souvent la fin de l'opération.

Quant à la vie sociale des oiseaux et au temps de la pariade,
nous remarquerons que souvent ceux qui, à d'autres époques de
l'année, surtout à celle de leur départ, sont très-sociables,
deviennent fort capricieux au moment de la couvée ; et alors
chaque oiseau chasse de son voisinage tout autre couple de la
même espèce. Le Pinson et l'Alouette peuvent être cités comme
exemples, entre beaucoup d'autres. En général, la plupart des
espèces se réunissent de préférence à plusieurs couples, pour
nicher dans toute une contrée ; mais, dans tous les cas, chaque
couple a son petit canton dans lequel il construit un nid, et aucun autre oiseau de la même espèce ne peut s'y établir. Cependant
plusieurs d'entre eux aiment un peu plus la société, et se plai-
sent, quand c'est possible, à nicher les uns près des autres,
et en grand nombre : comme nos Hirondelles et quelques oiseaux
d'eau. D'autres ont tellement besoin de la société de leurs semblables, qu'ils nichent toujours les uns à côté des autres, en assez
grand nombre, mais couple par couple, et qu'ils se comportent
très-bien entre eux, sauf quelques petits vols qu'ils se font pour
les matériaux de leurs nids. A cette catégorie appartiennent les
Freux, les Troupiales d'Amérique, les Tisserins de l'Afrique et de
l'Inde, même nos Moineaux, les Hérons cendrés, les Mouettes

rieuses et plusieurs autres. Les exceptions sont très-rares, et ne peuvent être amenées que par des circonstances toutes particulières. Il paraît, du reste, que c'est une mesure de sûreté de ces oiseaux, soit pour se soustraire plus promptement à un danger imminent, soit pour se défendre en commun et par conséquent plus vigoureusement contre leurs ennemis. Les Mouettes, par exemple, sont continuellement sur leurs gardes, et, dès qu'un oiseau suspect approche de leurs nids, elles le harcèlent avec d'horribles cris et d'effrayants coups de bec, jusqu'à ce qu'il abandonne la place; les Freux agissent de même. On trouve quelquefois quinze ou trente de leurs nids réunis sur un seul grand arbre, ainsi que d'autres oiseaux qui nichent en société avec eux.

Disons en terminant que tous les jeunes oiseaux bâtissent dès qu'ils sont aptes à se reproduire, avec un art instinctif, de la même manière, et exactement sur le même plan que leurs parents, sans les avoir vus faire et sans avoir rien appris d'eux. Cependant quelques auteurs pensent qu'ils conservent le souvenir de leur berceau et qu'ils cherchent à en faire un semblable, quand pour la première fois ils doivent pondre.

Nous aurons encore plus d'une occasion d'entrer dans le détail des merveilles de ces constructions, en traitant des habitudes de chaque famille, de chaque genre, ou de chaque espèce d'oiseaux.

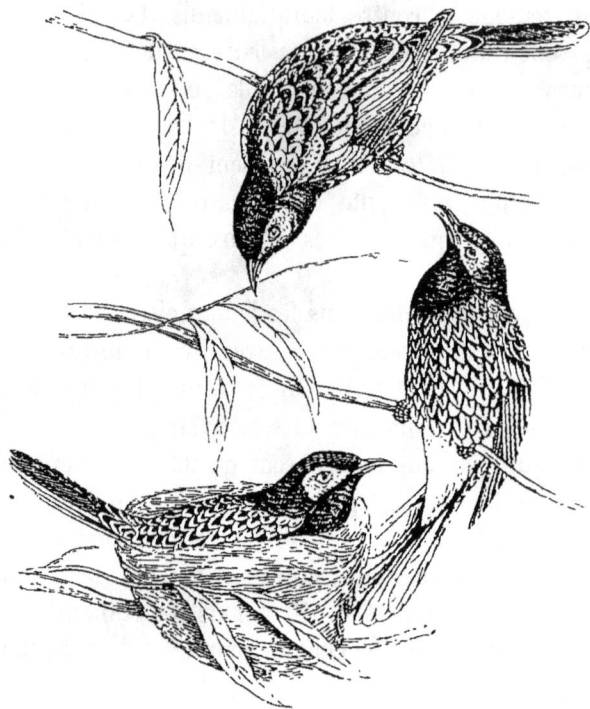

Fig. 255 — Nid de Zanthomize phrygia, d'après Gould.

HUITIÈME LEÇON

Ponte. — Incubation. — Développement de l'embryon.

Une fois le nid construit, les œufs pondus, arrive pour la femelle le travail long et pénible de l'incubation.

Le nombre des œufs que peuvent pondre les femelles varie beaucoup suivant les familles et les genres d'oiseaux. Quelques-uns, tels que les Manchots, n'en pondent qu'un ; d'autres, comme les grandes espèces d'oiseaux de proie, deux ou trois ; les Passereaux, en général, font cinq ou sept œufs, mais les Mésanges en ont jusqu'à quinze ou dix-huit ; chez les Gallinacés, le nombre est quelquefois de vingt à vingt-cinq. La femelle, toutefois, ne pond ordinairement qu'un œuf chaque jour ; les petites espèces font leur ponte en quatre, cinq ou six jours, suivant le nombre des œufs que doit donner chaque couvée ; mais il y a un jour de repos, pour la plupart des grandes espèces, entre chacun de ceux où la femelle pond. On vient de voir que les petites espèces sont plus fécondes, en général, que les grandes, mais sans qu'il y ait des proportions bien établies. En effet, beaucoup de petits oiseaux

21

font, en été, quatre pontes de quatre ou cinq œufs chacune ; les
Perdrix, les Faisans, qui ne font généralement qu'une ponte, produisent à peu près autant. Ce qui paraît le mieux constaté à cet
égard, c'est que les oiseaux de proie sont beaucoup moins féconds,
puisque les grandes espèces ne font qu'une ponte de deux œufs,
et que les petites n'ont aussi qu'une ponte de trois ou quatre œufs,
et qu'ils ne font guère au delà de deux pontes en une saison.

Quel que soit le nombre des œufs à produire, la femelle ne
commence à les couver régulièrement que quand la ponte est terminée ; alors elle ne quitte plus le nid que pour prendre de la
nourriture deux ou trois fois chaque jour : le mâle se tient aux
environs, veille à ce qui peut arriver, ne craint aucun ennemi,
brave les plus dangereux, s'il ne peut les écarter ou leur résister. Lorsque aucun accident, aucun danger, ne trouble son bonheur, il en exprime souvent le sentiment par son chant, qu'il
n'interrompt que pour chercher de la nourriture ; il apporte à sa
compagne une partie de celle qu'il a trouvée : c'est quelques
grains qu'il a soin de broyer, un ver, un insecte, une portion de
fruit ; la femelle les reçoit avec des battements d'ailes et un gazouillement qui paraissent être l'expression de sa satisfaction et
de sa reconnaissance. A part le temps qu'exige la recherche de la
nourriture quotidienne, le mâle reste jour et nuit à peu de distance de son nid. La femelle n'est le plus souvent occupée que du
soin de couver, de remuer de temps en temps ses œufs et de les
changer de côté ou de position. Ces occupations continuent pendant
tout le temps de l'incubation, dont la durée varie selon les espèces.
La loi de nature qui veut la conservation et la reproduction de
l'espèce est tellement impérieuse, que si, malgré les précautions
prises pour cacher le nid et le mettre à l'abri des mille dangers
qui le menacent, il est découvert, renversé et ravagé, les malheu-
reux parents s'éloignent, et, après quelques jours de tourments
et de tristesse, ils construisent un autre nid et pondent de nou-

veaux œufs, mais en moins grand nombre. Si ce second nid a le même sort que le premier et que la saison ne soit pas trop avancée, il y aura une troisième et même une quatrième ponte; tandis que, si la première réussit, les jeunes oiseaux absorbent toutes les affections du père et de la mère pendant tout le temps nécessaire à leur développement, et ce n'est que lorsque les petits peuvent pourvoir complétement à leur subsistance que les parents s'apprêtent à faire un autre nid et à élever une seconde couvée.

Nous avons déjà dit que, parmi les oiseaux, les uns, et c'est le plus grand nombre, sont monogames, et les autres polygames. Les premiers partagent en commun les soins de la famille, et les petits en naissant sont nus, faibles, ne peuvent sortir du nid et ont besoin pnedant quelque temps de recevoir une nourriture préparée et d'être garantis du froid. Les seconds font rarement un nid, et la femelle seule est généralement chargée des soins du ménage. Ses œufs sont le plus souvent déposés dans une dé-pression du sol, sur de la mousse, au pied d'un arbre ou sous un buisson. Le mâle se contente de veiller à distance, soit pour pro-téger ses femelles, soit par jalousie. Le temps de l'incubation est plus long, les petits marchent, et souvent, dès la sortie de l'œuf, ils sont couverts d'un chaud duvet : comme ils sont nombreux, il fallait bien qu'ils fussent en état de suivre leur mère, qui n'au-rait pu suffire à leurs besoins, s'il avait fallu leur apporter la nourriture. « Ainsi, quand la conservation des petits n'est pas ga-rantie par l'union et la tendresse mutuelle des parents, les oi-seaux naissent plus forts, plus couverts et en état de prendre eux-mêmes la nourriture qu'ils cherchent avec eux. »

Avant de nous occuper des détails de l'incubation, disons en-core quelques mots de l'œuf, et parlons de la disposition des par-ties qui entrent dans sa composition. Prenons pour exemple un œuf de poule.

En enlevant avec soin une partie de la coquille dans son diamètre longitudinal et la portion de membrane qui la tapisse, on voit le jaune enveloppé d'une membrane excessivement mince, transparente, et flottant au centre de l'œuf; il est maintenu à égale distance des pôles par les chalazes, dont nous n'avons indiqué que la formation, mais dont les fonctions consistent à maintenir le jaune plus léger au centre de l'albumine qui remplit

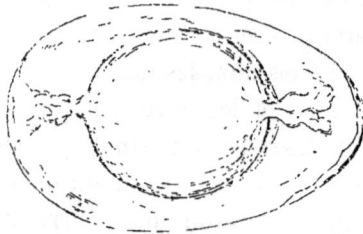

Fig. 256. — Chalazes et membrane chalazifère.

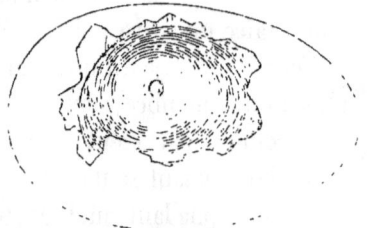

Fig. 257. — Tache germinative, après 5 heures d'incubation.

l'œuf, et à distance à peu près égale de tous les points de la coquille, et à le mettre à l'abri de la pression produite par le développement de la chambre à air, qui ne se trouve pas encore dans l'œuf fraîchement pondu et ne paraît qu'après quelques jours. Au milieu de la surface visible du jaune, on aperçoit une petite tache blanche ou germinative qui, en raison de la légèreté des parties qui la supportent, comparée à celles du reste du jaune, tourne toujours vers le côté supérieur du flanc de l'œuf; cette tache assez distincte entoure le germe. Quelquefois on peut distinguer sur la membrane (chalazifère) qui enveloppe le jaune une ligne blanche qui, lorsqu'elle est visible, forme autour du jaune, d'une chalaze à l'autre, une ceinture qui semble rappeler la ligne blanche du calice de l'ovaire (fig. 211).

Au moment de la ponte l'œuf est à la température de la mère et il est plein, mais il ne tarde pas à se refroidir, et les parties les plus fluides, qu'on voit encore pendant deux ou trois jours et qu'on désigne sous le nom de lait de l'œuf, disparaissent par évaporation. Il se forme alors au gros bout de l'œuf, entre les deux feuillets dédoublés de la membrane commune, une chambre qui, après quelques jours, s'agrandit assez pour contenir deux centimètres cubes d'air atmosphérique. Quelques observateurs pensent même que l'air de cette chambre contient plus d'oxygène que l'air atmosphérique. Si l'on analyse l'air de la chambre d'un œuf conservé pendant un mois, on le trouve composé de seize ou dix-sept parties d'oxygène, de deux ou trois parties d'acide carbonique, et de quatre-vingts ou quatre-vingt-deux parties d'azote. On pense que cet air doit servir à la respiration du Poulet; nous en reparlerons plus loin.

Après quelques heures d'incubation, une évaporation nouvelle de parties fluides à travers les membranes et la coquille agrandit encore un peu la chambre à air, et l'œuf perd de son poids. Cette perte est évaluée à cinq pour cent pendant la première semaine, à neuf pour cent pendant la seconde, et à trois pour cent pendant la troisième. Ces données suffisent pour le moment. Le germe organique est prêt à s'animer, il n'attend que la chaleur et l'impulsion donnée, le développement se fera sous l'influence du même agent.

Le mode d'incubation varie presque autant que le nombre des œufs. Il n'est personne qui n'ait fait attention aux différences qui existent dans la longueur des membres inférieurs des diverses familles d'oiseaux, et dans la position de ces membres par rapport à la direction du corps, ainsi qu'aux disproportions que souvent elles présentent avec le corps lui-même. Ces variations ou ces disproportions produisent des différences essentielles dans le mode d'incubation; car tous les oiseaux, en couvant, ne font pas également ment porter le poids du corps sur leurs œufs, ni de la même manière : la longueur de la jambe par rapport à la cuisse apporte des modifications assez intéressantes. Ainsi les Macareux, par exemple, les Pingouins, les Guillemots, dont les jambes sont excessivement courtes, couvent dans la position qu'exigent et la brièveté et le mode d'insertion de leurs pattes placées hors du centre de gravité et à l'extrémité postérieure du corps. Dans l'impossibilité presque absolue de s'aider de leurs jambes pour soutenir leur propre poids, ils sont réduits à le faire porter, en grande partie, sur leurs œufs. C'est, sans aucun doute, à cette conformation particulière et à ce mode obligé d'incubation qu'il faut attribuer le petit nombre d'œufs que pondent ces oiseaux, puisqu'il est rare qu'ils en fassent plus de deux. Il leur serait difficile en effet d'en couver davantage dans cette position, leur corps et la conformation de leurs ailes incomplètes n'offrant point une surface assez étendue, et la brièveté de leurs pattes s'opposant à ce qu'ils puissent les écarter suffisamment. Il en est de même pour la plupart des Manchots, qui couvent accroupis.

Les Flamants et quelques autres échassiers, au contraire, dont les jambes sont démesurément longues, ne peuvent s'accroupir commodément ; aussi sont-ils forcés de déposer leurs œufs sur un monticule qu'ils élèvent eux-mêmes, et ils les couvent presque debout, en les couvrant seulement de la partie postérieure de leur corps.

Chez les gallinacés et la plupart des autres oiseaux, la longueur proportionnée des pattes et leur position au centre du corps ne s'opposent pas à leur écartement, aussi peuvent-ils couvrir avec leur ventre et leur poitrine un bien plus grand nombre d'œufs, sur lesquels repose le poids du corps. Les Tinamous, les Outardes et les Bécassines ont des pattes placées à peu près de même que chez les gallinacés, mais elles sont conformées d'une manière plus avantageuse. Quoique accroupis comme ces derniers, ils reposent en partie sur elles pendant l'incubation, et leurs œufs ne supportent pas tout le poids du corps. Il en est autrement chez les Goëlands, les Mouettes et les Hirondelles de mer, dont les œufs à coquille généralement délicate seraient souvent compromis s'ils n'étaient sauvegardés par leur forme arrondie et par l'épaisseur et la mollesse des plumes du ventre de la couveuse. Les pattes de ces oiseaux, quoique placées au centre du corps, sont tellement courtes, qu'elles ne peuvent servir de soutien. On voit que la nature a combiné de la manière la plus heureuse la force de résistance de la coquille et la forme de l'œuf avec les divers degrés de pression que les proportions des membres postérieurs obligent les oiseaux à exercer sur les œufs qu'ils couvent et dont l'épaisseur n'est pas toujours en rapport avec le volume.

Indépendamment de l'industrie si variée qu'ils déploient dans la construction de leurs nids, plusieurs oiseaux ont de grandes précautions à prendre pendant l'incubation. Ce sont surtout ceux dont les femelles, ayant besoin d'aller chercher leur nourriture elles-mêmes, sont forcées de quitter momentanément leurs œufs. Dans ce cas, avant de s'éloigner, elles couvrent le nid avec des feuilles sèches, des brins d'herbes, des plantes aquatiques et surtout avec le duvet qu'elles s'arrachent à la poitrine et au ventre. Ce n'est donc pas positivement pour empêcher le refroidissement des œufs, mais bien pour cacher le nid, qu'elles agissent ainsi. Leur instinct ne s'exerce véritablement et n'est admirable qu'en ce qui concerne la conservation de l'espèce. Tous ont conscience de l'ennemi qui menace chacun d'eux; et c'est en cela qu'ils développent une richesse d'imagination ou de ruse, à peine croyable, pour conjurer le danger. Ce serait donc une erreur de croire que la plupart des Canards, qui, comme l'Eider, enfouissent leurs œufs dans le fin duvet dont ils les recouvrent pendant leur absence du nid, agissent ainsi afin d'en empêcher le refroidissement : cela, sans aucun doute, peut y contribuer; mais c'est uniquement pour les soustraire à la vue de leurs ennemis, dont les plus nombreux et les plus acharnés sont les oiseaux de proie et les Corbeaux.

Plus la forme du danger se multiplie, et plus les oiseaux mettent de soins pour cacher leurs nids; aussi c'est dans les régions les plus chaudes du globe, où se trouvent en grand nombre des singes et d'autres mammifères grimpeurs, ainsi que des reptiles, que les oiseaux emploient le plus de ruses pour mettre leurs nids à l'abri des attaques. C'est là surtout que l'on a le plus de preuves de l'instinct des oiseaux.

Quel que soit le nombre des œufs, la durée de l'incubation, à part quelques rares exceptions, est en rapport avec la taille de l'oiseau.

Ainsi les Oiseaux-mouches couvent douze jours, les Mésanges onze jours, les Pinsons quatorze, les Pies, les Geais, dix-sept à vingt et un, le Coq de Bruyères vingt-sept, l'Outarde vingt-huit, le Cygne quarante à quarante-cinq, tandis que les œufs d'Autruches exigent une incubation du cinquante-cinq à soixante jours. L'époque de la ponte peut varier de quelque jours, mais elle est généralement la même pour tous les oiseaux ; et, dans toutes les parties du monde, le printemps en donne en quelque sorte le signal comme la fin de l'été y met un terme.

Développement de l'oiseau dans l'œuf pendant l'incubation. — Nous connaissons la formation et la composition de l'œuf ; nous savons le soin que la femelle met à le couver ; il faut maintenant suivre le développement du germe qu'il renferme et qui doit donner le jeune oiseau. C'est sur l'œuf de la Poule, le plus commun et le plus facile à observer, que l'étude de la formation de l'oiseau a été le plus suivie, aussi le prendrons-nous comme exemple de ce que nous avons à dire des diverses phases de l'incubation.

L'embryon de la Poule met vingt et un jours pour arriver au développement que nous allons suivre, d'abord presque heure par heure, et puis jour par jour, d'après les expériences intéressantes faites à ce sujet par MM. Prévost et Dumas, Martin Saint-Ange, Duvernoy et Sacc.

La tache germinative dont nous avons parlé est le point

sur lequel doit se porter toute l'attention. Nous verrons que, sous l'influence de la chaleur communiquée, il se formera une gangue organique, sorte de réseau qui entourera le germe et viendra concourir à son développement en le faisant passer par

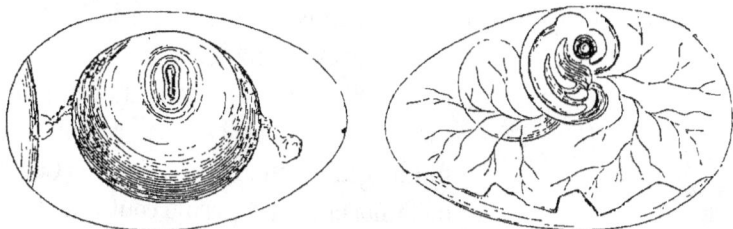

Fig. 238. — Tache germinative au 2ᵐᵉ jour.   Fig. 239. — Situation de l'embryon au 5ᵐᵉ jour.

toutes les phases de la vie fœtale. Disons encore, et pour ne plus être obligé d'y revenir dans le cours de cette leçon, que pendant l'incubation les œufs perdent en moyenne un cinquième de leur poids par des causes qui se rattachent au développement de l'embryon et à la porosité de la coquille, qui permet une évaporation des parties fluides. Mais cette évaporation n'est pas la seule cause de la perte de poids qu'éprouvent les œufs pendant l'incubation, comme le dit avec raison M. Dareste dans son intéressant Mémoire sur le développement du Poulet, car l'existence de la respiration embryonnaire nous montre qu'il y a dans l'œuf en incubation une absorption d'oxygène et une exhalation d'acide carbonique, et que, par conséquent, il faut ajouter au poids de la vapeur d'eau perdue par évaporation l'excédant du poids de l'acide carbonique exhalé sur le poids de l'oxygène absorbé.

Lorsqu'un œuf bien conformé et fécondé est soumis à une chaleur continue, la vie s'éveille en lui, le germe qu'il contient se développe avec assez de rapidité et présente quatre périodes principales, que M. Sacc établit ainsi qu'il suit :

1° La première période commence dès que la température de

l'œuf, élevée de trente-deux à quarante degrés, est maintenue sans refroidissement; cette première période se termine avec la formation du premier système circulatoire et embrasse à peu près deux jours.

Pendant les premières heures, le germe tend à se détacher de plus en plus du vitellus et de la pellicule vitelline, à laquelle il reste cependant toujours un peu adhérent; il prend une consistance plus membraneuse, et l'espace rempli de fluide qui l'entoure s'agrandit. Cette métamorphose du germe continue d'une façon très-régulière; et, à mesure qu'il se développe, il tend à se rapprocher toujours davantage de la membrane qui tapisse la coquille.

Fig. 240.   Fig. 241.
Tache germinative.
A la 3me heure.   A la 12me heure.

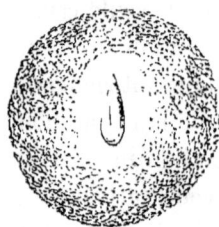

Après douze ou quinze heures d'incubation, le germe, qui a pris la forme aplatie d'une feuille, s'est assez complétement détaché

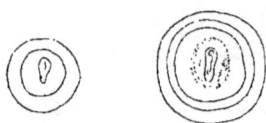

Fig. 242
A la 16me heure.

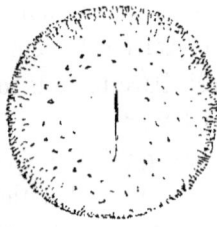

Fig. 243.
Grossissement considérable du germe.
A la 17me heure.

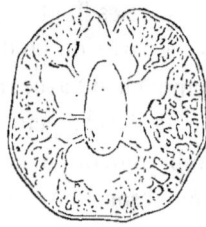

Fig. 244.
A la 72me heure.

de la pellicule vitelline pour qu'on puisse l'en séparer. De la quatorzième à la seizième heure se montre la première trace de l'embryon, sous forme de tache blanche placée dans l'axe transversal de l'œuf. Pendant le second jour, l'embryon, qui est alors long de cinq à six millimètres, continue à se détacher du vitellus,

au-dessus duquel il s'élève. On peut déjà voir les lobes du cerveau, et reconnaître les parties destinées à former plus tard les
côtes et les parois abdominales ; c'est alors qu'apparaît le cœur,
qui se trouve logé dans une petite cavité sous la tête de l'embryon. De la fin du premier jour au milieu du second, s'opèrent,
dans les parties du vitellus qui entourent l'embryon, des changements bien intéressants. Cette portion de sa surface s'étend,

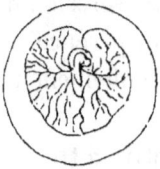

Fig. 245.   Fig. 246.   Fig. 247.
Germe à la 50ᵐᵉ heure.   Germe à la 55ᵐᵉ heure.   Germe à la 60ᵐᵉ heure.

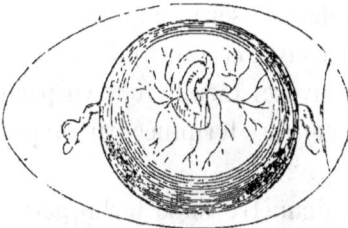

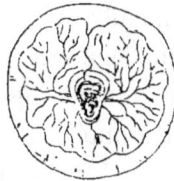

et il se forme autour du vitellus de petits nuages de couleur
foncée. On y distingue bientôt de petites taches séparées les unes
des autres par de légères fissures, qui ne tardent pas à se réunir
pour former des canaux, dont l'ensemble représente un système
de mailles ou canalicules remplis d'un fluide limpide, incolore
ou jaune très-clair ; c'est le premier sang. Le cœur continue à se
développer ; bientôt apparaissent les deux gros troncs veineux,
dans lesquels il chasse, en se contractant, ce même fluide incolore qui remplit les canalicules entourant l'embryon. Tout à
coup, et sans qu'aucune observation ait pu faire connaître jusqu'ici
de quelle manière se fait cette brusque métamorphose, le sang
incolore devient rouge, et les canaux dans lesquels il coule deviennent de véritables vaisseaux qu'on distingue déjà bien nettement autour de l'embryon, après trente-six heures d'incubation.
Le système vasculaire qui entoure l'embryon se développe et il

se forme à sa périphérie un canal circulaire qui deviendra plus tard la veine dite primogéniale.

Revenons un instant sur les premières phases du développement de l'embryon et suivons-les de trois heures en trois heures.

Trois heures d'incubation. La tache germinative, qui présentait primitivement six millimètres de diamètre, s'élargit après trois heures d'incubation; on lui trouve huit millimètres : sa partie interne et transparente en a trois et l'embryon en a un peu plus d'un; il flotte dans la sérosité qui s'est formée entre lui et la membrane qui le couvre et qui, soulevée par cette sérosité, devient légèrement convexe. L'embryon, vu par transparence, représente une ligne noirâtre terminée par un petit renflement à sa partie antérieure (fig. 240).

Six heures. Le diamètre de la tache germinative a très-peu augmenté, mais l'embryon a près de deux millimètres; sa forme, à peu près la même, devient cependant plus distincte ; il se forme de petits nuages ou flocons dans l'aire transparente.

Neuf heures. La tache germinative s'agrandit d'un millimètre, et l'embryon s'allonge d'autant. La forme ovale se prononce da-

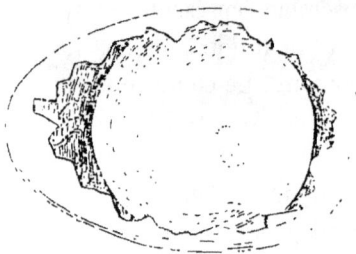

Fig. 248.
Germe à la 9ᵐᵉ heure.

Fig. 249.
Le même détaché et fortement grossi.

vantage, le nuage qui entoure l'embryon a quelque chose de moins confus, et ses bords sont mieux arrêtés.

Douze heures. La tache germinative a onze millimètres : l'aire transparente cinq, et l'embryon trois. Sa position est toujours la même à la partie moyenne du disque, et le nuage qui l'entoure s'accroît en diamètre (fig. 242).

Quinze heures. Accroissement de toutes les parties, mais aucun changement notable; la forme allongée se prononce davantage.

Fig. 250.
Le même, isolé
et fortement grossi.

Fig. 251.
Germe à la 15ᵐᵉ heure.

Fig. 252.
Le même, découvert,
fortement grossi.

Dix-huit heures. Les globules qui forment le nuage s'éloignent du germe et viennent se réunir par masse vers la circonférence, qui devient par cela même plus opaque. Ils se fondent les uns dans les autres pour former des globules plus gros et même des tubes plus ou moins allongés. Le disque s'est rétréci en s'arrondissant, et le pli que la membrane a formé en exécutant ce changement s'est rabattu comme une toile au-devant de l'extrémité céphalique de l'embryon. Les bords latéraux du disque sont devenus très-concaves à la partie moyenne; plus bas, ils reprennent leur convexité. La bordure opaque qui entoure le germe forme de chaque côté, dans ses deux tiers inférieurs, deux petits bourrelets entre lesquels elle est reçue comme dans une petite gouttière. C'est là l'origine du canal vertébral, que nous verrons bientôt s'achever.

Fig. 253.
Germe
à la 18ᵐᵉ heure.

Vingt et une heures. L'embryon a un peu plus de six millimè-

22.

tres. Le pli supérieur, qui a commencé à se rabattre vers la dix-
huitième heure, descend encore. Les deux bourrelets, qui doivent
former le canal vertébral, se rapprochent davantage, et, à leur
extrémité inférieure, deux plis qui se dirigent en bas et en dehors
constituent les premières traces du bassin. Entre les deux feuillets de l'aire transparente et intérieurement au cercle qui la cir-
conscrit, il s'est développé une lame de tissu spongieux qui, plus
épaisse extérieurement, finit par se perdre en s'avançant vers la
partie où est placé l'embryon. C'est là que paraî-
tront bientôt les premiers globules sanguins.

Fig. 254.
Germe
à la 24ᵐᵉ heure.

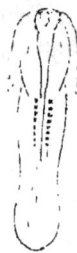

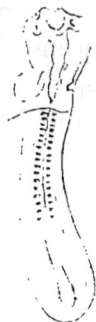

Vingt-quatre heures. Peu de changements dans
les dimensions de l'embryon. Mais il est déjà possible
de reconnaître, sur les renflements longitudinaux
qui courent parallèlement au corps de l'embryon,
trois points arrondis, plus consistants, dont on voit
plus tard le nombre s'accroître avec rapidité. Ce
sont les rudiments des vertèbres.

Deuxième jour. Pendant les trois heures qui précèdent, l'embryon n'a pas pris de développement; mais, pendant
le second jour, il grandit de trois millimètres. Le

Fig. 255.   Fig. 256.   Fig. 257.   Fig. 258.

États du germe aux heures suivantes :

A la 25ᵐᵉ heure.   A la 26ᵐᵉ heure.   A la 27ᵐᵉ heure.   A la 33ᵐᵉ heure.

nombre des plaques vertébrales augmente successivement. Le

cœur se développe sous la forme d'un petit tube et laisse voir des
mouvements d'ondulation; le sang est encore clair. Le vitellus
prend une apparence tachetée par des points, entre lesquels naissent des traits qui forment des mailles, rudiments des vaisseaux.
Le canal alimentaire forme un tube allongé. L'embryon présente
trois courbures marquant la tête, la nuque et le dos. Un vaisseau
circulaire se forme autour de la tache germinative, mais ce vaisseau n'achève pas complétement le cercle; ses extrémités initiale et
terminale ne se joignent pas (fig. 244). Vers la trentième heure un
réseau vasculaire commence à paraître sur la tache ou cicatricule;
le sang semble partir à droite et à gauche de l'embryon, se divise
dans un lacis de capillaires, puis arrive dans un vaisseau général
qui le ramène en haut ou le dirige en bas; de là il revient au cœur.
Les globes oculaires se dégagent de la cellule cérébrale; l'organe
de l'ouïe s'élève, comme une vessie, de la cellule de la moelle allongée, et l'on commence à reconnaître un rudiment de cervelet.

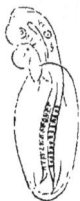
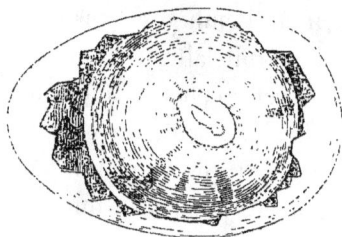
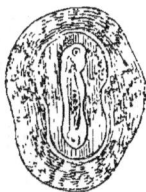

Fig. 259.   Fig. 260.   Fig. 261.
État du germe à la 36ᵐᵉ heure.

2° La deuxième période, qui commence avec le troisième jour
de l'incubation et finit du quatrième au cinquième, s'étend depuis l'apparition du système circulatoire dans le vitellus jusqu'au
moment où l'allantoïde, allant s'appliquer contre la membrane de
la coquille, donne naissance au nouveau système respiratoire; le
primitif disparaît alors.

C'est le troisième jour qui est le plus remarquable dans l'histoire du développement de l'embryon, dont toutes les parties sont
alors bien nettement distinctes. L'embryon s'enveloppe peu à
peu d'une membrane remplie d'eau (amnios), au sein de laquelle
il continue à se développer. Les yeux et le bec deviennent de plus
en plus distincts. Le quatrième jour, le premier système circulatoire (circulation vitelline) est dans toute sa force ; on aperçoit

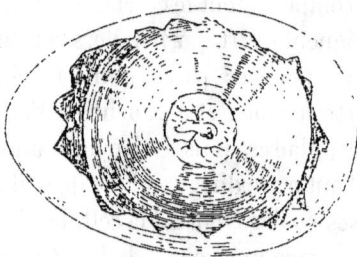

Fig. 262.   Fig. 263.   Fig. 264.
                    Embryon au 5me jour.

au-dessous de la tête de l'embryon trois points gorgés de sang,
qui s'élèvent et s'abaissent alternativement ; ce sont les trois
divisions du cœur. A cette époque, le cœur ne cesse pour ainsi
dire pas un instant de changer de forme et de position ; et c'est
au quatrième jour qu'il se transforme de canal en véritable cœur,
dont la forme ne changera plus, mais qui se complétera pendant
les jours suivants. On distingue alors les corps de Wolff sous la
forme de petits cœcums, qui, au cinquième jour, se replient sur
eux-mêmes et qui forment plus tard les reins.

Les intestins se forment pendant le quatrième jour de l'incubation. La gouttière qui représente le canal intestinal, et qui est
presque fermée au commencement du quatrième jour, ne tarde
pas à l'être tout à fait et à envelopper la totalité du vitellus. Le
bec et la gorge, qui sont béants, aboutissent à un petit tube, le
larynx, à l'autre bout duquel on voit attachées deux petites pro-

tubérances qui sont les premiers rudiments des poumons. Toutes
les différentes parties du canal intestinal apparaissent ensuite les
unes après les autres.

Revenons un instant en arrière. Dans la seconde moitié du troisième jour, il s'élève de l'extrémité intestinale inférieure au rec-
tum une excroissance vésicoïde; c'est l'*allantoïde*, qui, sous la
forme de sac, s'étend et s'élève au-dessus et autour de la partie
postérieure de l'embryon. L'allantoïde est très-riche en vaisseaux
sanguins. Ce nouvel organe croît rapidement et s'allonge en
forme de poire. Au quatrième jour, on voit à sa surface un superbe lacis de vaisseaux sanguins, qui naît d'une des branches
de l'aorte; il part donc directement du cœur. Au cinquième
jour, l'allantoïde a l'aspect d'une grosse vessie portée sur un pédicule qui sort du nombril. A cette époque, l'allantoïde a, comme
l'embryon lui-même, onze millimètres de longueur.

 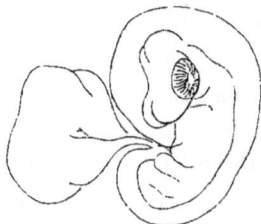 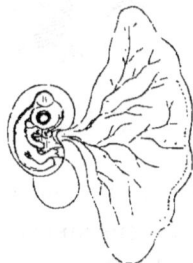

Fig. 265.   Fig. 266.   Fig. 267.

Divers états de l'embryon du 3ᵐᵉ au 5ᵐᵉ jour, fortement grossi.

Quelques détails doivent compléter ce qu'il
est nécessaire de connaître sur le développement progressif de l'embryon pendant cette
période; ajoutons donc quelques mots sur ce
qui se passe pendant le troisième jour. L'embryon continue à s'allonger de trois millimètres. Les deux extrémités du vaisseau cir-

Fig. 268. — Coupe
de l'embryon au 3ᵐᵉ jour.

culaire dont nous avons parlé s'infléchissent vers l'intérieur du
cercle, dans la direction de la partie supérieure de l'embryon,
autour duquel on distingue six troncs vasculaires principaux
dont les ramifications vont se perdre dans le vaisseau circulaire
désigné sous le nom de veine primogéniale.

On distinguera bientôt les formes de l'embryon, qui ne paraît
pas vivre encore par lui-même ; il présente une tête grosse indiquée par l'œil et fortement recourbée sur le corps, dont on ne
voit que le centre vertébral. Les deux extrémités de la veine primogéniale avancent de plus en plus vers le centre, et bientôt elles

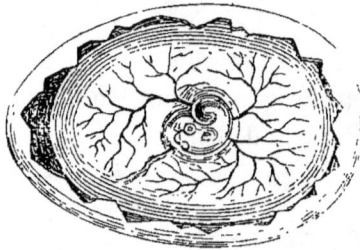

Fig. 269.   Fig. 270.
État de l'embryon le 4ᵐᵉ jour.

atteignent l'embryon. Des six troncs vasculaires principaux, deux
présentent un courant qui se dirige vers l'embryon, tandis que
dans les quatre autres le courant va du centre à la circonférence.
Tout à coup ce mode de circulation change : la rencontre des
troncs avec la veine primogéniale se fait aux environs du point
que doit occuper le cœur. Il semble que cette rencontre occasionne un choc dans les molécules circulantes, lequel choc, arrêtant brusquement le fluide qui arrive des deux côtés, lui fait re-
brousser chemin et le force à refluer dans les troncs ombilicaux.
Dès ce moment, l'embryon va vivre de sa vie propre en assimi-
lant à sa substance les molécules extérieures ; car l'impulsion qui
vient de se faire dans la marche du fluide circulant dans des ca-

naux qui lui étaient jusqu'alors étrangers est pour lui l'impulsion vitale ; toute circulation se fera désormais à son profit et ne
cessera qu'à sa mort : le cœur est formé par le seul fait de cette
rencontre. Les troncs, en s'abouchant avec la veine primogéniale

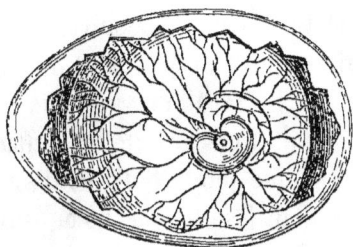

Fig. 271.   Fig. 272.
État de l'embryon le 5ᵐᵉ jour.

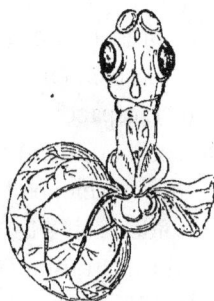

après l'avoir croisée, déterminent un enroulement qui est la première forme du cœur. Les deux troncs supérieurs disparaissent
bientôt, les inférieurs seuls restent et vont servir de lien entre le
nouvel individu et le jaune ou vitellus, qui est destiné à lui fournir un aliment jusqu'à son entier développement dans la coquille.
Le foie commence aussi à se former, il se présente sous forme de
deux petites vésicules annexées à l'intestin; le sang est rouge, et l'on
peut reconnaître l'apparition des membres. Pendant le quatrième
et le cinquième jour, l'embryon présente à l'état rudimentaire
toutes les parties de son organisation et développe celles précé-
demment formées.

5° La troisième période commence au sixième jour, avec l'apparition de la circulation allantoïdienne, et se prolonge jusqu'au
vingt et unième jour, au moment de la naissance du Poulet. Il n'y
a guère que les changements qui s'effectuent dans les deux premiers jours de cette période qui aient quelque intérêt au point de

vue physiologique. Pendant les seize jours qu'elle embrasse,
tous les organes qui étaient déjà formés ne font que se développer, et ceux qui naissent alors ne sont plus aussi importants.

Lorsqu'on ouvre un œuf au commencement de cette période,
il faut le faire avec toutes les précautions possibles. Comme il
n'y a plus d'albumine au dessus de l'embryon, et que ce dernier
est tout près de la coquille; comme, de plus, la pellicule vitelline
s'est excessivement amincie, il est très-facile de déchirer l'un et
l'autre. L'espace rempli d'air qui se trouve au gros bout de l'œuf
a beaucoup augmenté; à mesure que le réseau de vaisseaux sanguins qui enveloppait presque les deux tiers du vitellus s'efface,
l'allantoïde croît et s'étend. Le sixième jour, l'allantoïde a la
forme d'une grande vessie aplatie, dont les dimensions ont presque doublé au septième jour. Il se couche un peu à droite de
l'embryon, qui disparaît sous lui avec son amnios, et il est à remarquer que c'est la partie supérieure de l'allantoïde qui est la
plus riche en vaisseaux. La pellicule vitelline se déchire; l'albumine s'approche du petit bout de l'œuf, où on la retrouve sous
forme de masse jaunâtre et assez consistante. Le vitellus a perdu
au contraire sa consistance primitive, il est devenu beaucoup
plus fluide, et l'embryon s'approche du gros bout de l'œuf.

Lorsqu'au sixième jour on ouvre un œuf, on voit les membres
du Poulet s'agiter au moment où l'on écarte les parties de la coquille. Du sixième au septième jour, l'amnios se gonfle toujours
davantage; il se resserre vis-à-vis de l'abdomen de l'embryon, et
en s'étranglant il forme le *nombril*, au travers duquel passent le
pédicule de l'allantoïde et une circonvolution de l'intestin. Cette
disposition permet au sac vitellin de rester en communication directe avec l'intestin pour continuer les moyens de nutrition. Du
neuvième au onzième jour apparaissent les tuyaux des premières
plumes sur la ligne médiane du dos. L'allantoïde continue à envelopper toujours plus complétement l'embryon ; ce sont surtout

les téguments épidermiques qui se forment dans les derniers
jours de la seconde semaine. Au commencement de la troisième
semaine, l'embryon, manquant de place, quitte peu à peu l'axe

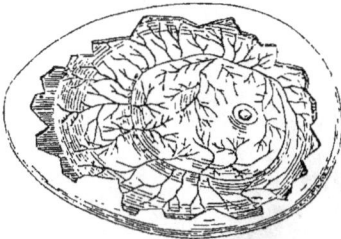

Fig. 273.
État de l'embryon le 6ᵐᵉ jour.

Fig. 274.

transversal de l'œuf pour s'étendre dans son axe longitudinal. Il
est ainsi enveloppé avec le sac vitellin par l'allantoïde. Cet organe,
soudé de toutes parts avec l'embryon, forme autour de lui une

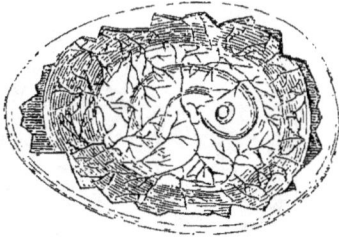

Fig. 275.
État de l'embryon le 7ᵐᵉ jour.

Fig. 276.

enveloppe continue, qui, d'autre part, s'applique avec tant de
force contre la membrane de la coquille, qu'on ne peut plus l'eu
séparer. On voit nager dans l'eau qui remplit l'allantoïde des flocons d'une substance blanche plus ou moins abondante provenant

de l'urine du poulet et que Jacobson prétend formés d'acide uri-
que libre. Aussitôt que l'allantoïde enveloppe la totalité de l'embryon, on le désigne sous le nom de chorion, parce que ses fonc-

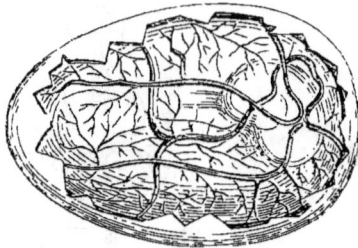

Fig. 277.   Fig. 278
État de l'embryon le 8ᵐᵉ jour.

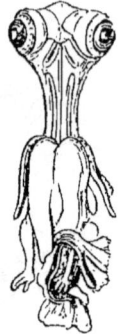

tions deviennent analogues à celles de cette membrane, enveloppe
extérieure du fœtus des autres animaux. Le sac vitellin diminue

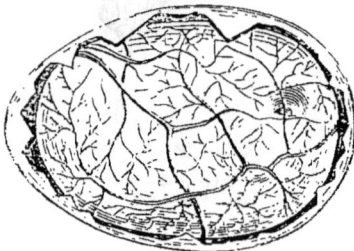

Fig. 279.   Fig. 280.
État de l'embryon le 9ᵐᵉ jour.

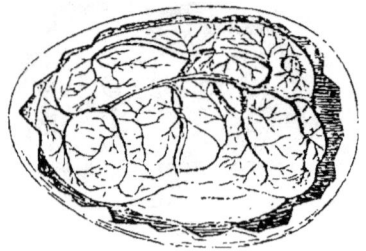

alors rapidement, parce que son contenu est absorbé et parce que
ce qui y reste se solidifie. L'albumine et le fluide amniotique
diminuent aussi de plus en plus, et, au dix-neuvième jour, les

intestins, qui pendaient au dehors de la cavité abdominale, y entrent, entraînant le vitellus avec eux.

Dans cette période le réseau vasculaire du vitellus disparaît successivement au profit de la circulation générale, et il devait en

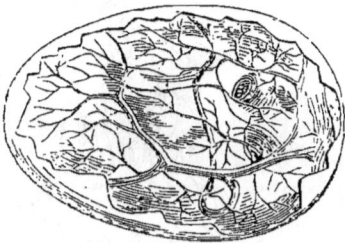

Fig. 281. Fig. 282.
État de l'embryon le 10ᵐᵉ jour.

être ainsi, puisque le vitellus, dès lors recouvert par le blastoderme ou peau du germe, n'est plus apte à faire respirer le sang qui y circulerait encore. Mais, en compensation, l'allantoïde, ce

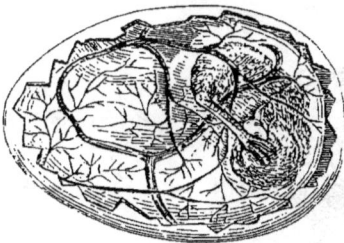

Fig. 283. — État de l'embryon le 11ᵐᵉ jour.

poumon extérieur de l'embryon, se développe rapidement et s'étend sous la coquille. Les membres se sont développés aussi, et on a pu distinguer successivement les doigts des ailes et les orteils. La trachée-artère et les poumons, dans lesquels se sont formés peu à peu les canaux aériens, se sont séparés de l'œsophage, avec le-

quel ils semblaient se confondre. Les organes des sens sont deve
nus plus apparents, les yeux surtout ont atteint un volume considérable, et les paupières se sont mon-
trées comme un pli circulaire de la peau.
Les muscles ont pris du développement et

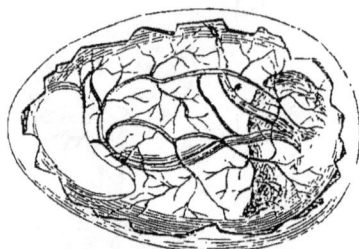

Fig. 284.
État de l'embryon le 15me jour.

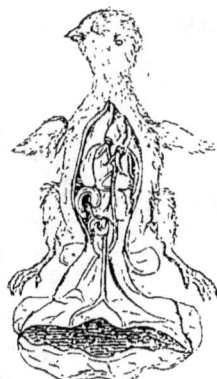

Fig. 285.
Embryon d'un petit Passereau
à la période correspondante.

ont commencé à fonctionner en même temps que les trames des
os s'ossifiaient. Les écailles des jambes et les ongles, ainsi que les

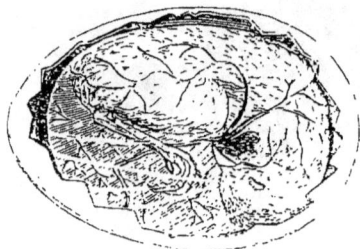

Fig. 286.
Embryon le 18me jour

Fig. 287.
Embryon à la fin du 20me jour

organes reproducteurs, ont été formés en même temps que les
muscles. L'ossification s'est continuée, toutes les parties se sont
fortifiées. Le système nerveux s'est développé dans les mêmes

proportions, et l'oiseau, la tête repliée sous l'aile droite, et déjà
couvert d'un duvet encore humide, remplit l'œuf, après avoir absorbé successivement le vitellus et l'albumine contenus dans la
coquille avant l'incubation.

4° La quatrième période commence à la naissance du Poulet.
On entend quelquefois le poulet crier dans l'œuf, deux jours
avant sa naissance. Cela a lieu toutes les fois qu'il réussit à per-
cer le chorion avec son bec, et à communiquer ainsi avec l'espace plein d'air qui se trouve au gros bout de l'œuf. Malgré ce
contact incomplet des poumons avec l'atmosphère, la circulation

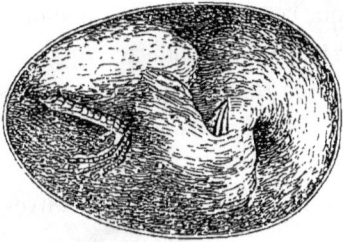

Fig. 288.   Fig. 289.
Embryon le 21ᵐᵉ jour.   Œuf ouvert par le Poulet et divisé
                                                      par la Poule.

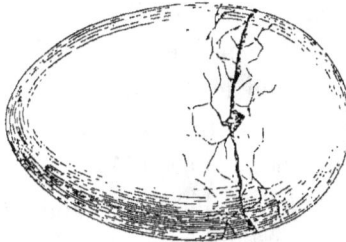

continue à se faire par les vaisseaux ombilicaux. Plus tard, les
violents mouvements du Poulet déterminent dans la coquille des
fentes qu'il élargit avec son bec, muni, dans ce but, d'une espèce
de petit bouton corné qui ne tarde pas à tomber. L'éclosion du
Poulet s'opère aussi un peu autrement : la tête de l'oiseau étant
enfermée, à droite par le coude et à gauche par le genou, qui se
touchent en voûte au-dessus d'elle, la tête se porte, le bec en bas,
sur la poitrine. Dans cette situation, chaque fois que le Poulet crie,
l'air chassé dans le larynx par les poumons oblige la tête à se
relever et le bec à frapper avec force contre la coquille, avec l'appendice calcaire dont nous venons de parler. Ce n'est point en

25.

usant la coquille par le frottement du bec que le Poulet fait une
ouverture, mais bien par des chocs répétés. On s'assure qu'il en
est bien ainsi, en voyant que beaucoup d'œufs, près d'éclore, ont
la coquille brisée au-dessus du point où appuie le bec, lorsqu'il
relève la tête, sans que pour cela le chorion, qui sépare encore le
bec de la coquille, soit déchiré ; ce qui ne pourrait pas se faire si
le Poulet ouvrait la coquille en l'usant avec son bec. La mère
aide alors beaucoup la sortie du Poulet, en cassant avec précaution la coquille tout autour du point où il s'est fait jour. Le bec
des Poulets est si faible au moment de leur naissance, qu'il leur
serait absolument impossible de briser la coquille, s'ils n'avaient
pas ce petit tubercule calcaire, et tous ceux auxquels il manque
périssent dans l'œuf, où ils font de tels efforts pour arriver à ce
but, qu'on les trouve toujours avec les mandibules renversées
et déjetées à droite ou à gauche par la violence des coups qu'ils
ont donnés à la coquille.

Il est probable que ce qui force le Poulet à quitter son enveloppe, c'est qu'elle devient trop petite pour lui ; car ce n'est point
le manque de nourriture, puisque les intestins en sont garnis ; il
y a peut-être une autre cause bien plus pressante de la sortie du
Poulet, c'est le transport aux poumons des fonctions respiratoires,
dont l'allantoïde avait été chargé jusque-là. Aussi, du moment
que les vaisseaux allantoïdiens sont oblitérés, le Poulet doit étouf-
fer ou briser sa coquille en faisant des efforts désespérés.

Dans l'étude du développement de l'œuf, dit encore M. Sace,
auquel nous devons une grande partie de ces détails, le fait le
plus saillant, celui qui doit frapper le plus vivement l'observateur, est la présence de ces deux circulations qu'on voit se succéder chez l'embryon. La première, incomplète, ne s'étend pas
au delà du vitellus, à la surface duquel on la voit apparaître ; la
seconde, répondant à un besoin plus impérieux d'oxygène, dépasse le blanc de l'œuf et vient s'épanouir sur la face interne de

la coquille, à travers les pores de laquelle se fait une absorption
d'oxygène et une sécrétion d'acide carbonique et d'eau. La coquille est, au Poulet d'un certain âge, à la fois l'organe des sécrétions gazeuse pulmonaire et cutanée.

Le sang est incolore, au moment où on le voit circuler pour la
première fois au milieu des îlots graisseux du vitellus; jouit-il
déjà de toutes les propriétés qu'il aura plus tard, ou bien n'est-ce
qu'une espèce de chyle destiné à produire bientôt après le fluide
vital, sous l'influence d'une action aussi mystérieuse que difficile
à étudier?

C'est le troisième jour, comme nous l'avons dit, qui est le plus
intéressant de tous ceux du développement embryonnaire. L'embryon s'enveloppe alors de l'amnios, qui est une espèce de vessie
remplie d'eau, au milieu de laquelle il nage, libre dans tous ses
mouvements. En effet, c'est dans la seconde moitié du troisième
jour qu'apparaît la première trace de la seconde circulation qui
doit remplacer la première, trop imparfaite pour suffire aux besoins actuels du jeune oiseau.

Pendant le développement de l'embryon, le fait de la disparition du blanc d'œuf est fort remarquable. Cette partie de l'œuf
devient de plus en plus visqueuse à mesure qu'elle cède davantage de son eau au vitellus, qui s'accroît à ses dépens. On sait que
le blanc d'œuf finit par être absorbé en totalité et qu'il ne reste
de lui que le réseau membraneux qui enveloppait l'albuminate
sodique. Le blanc d'œuf n'est point brûlé, comme l'huile du vitellus: il s'unit directement à l'albumine de ce dernier, pour
contribuer avec elle à la formation du Poulet.

Comme, du sixième au septième jour de l'incubation, l'amnios
prend de plus en plus l'aspect d'un sac fermé de toutes parts, excepté sur un seul point au travers duquel passent les vaisseaux
sanguins du Poulet, ce n'est qu'alors seulement que l'embryon
cesse d'absorber et de sécréter par toute sa surface. C'est donc à

cette époque que tous ceux des organes de l'embryon qui peuvent agir déjà dans l'intérieur de l'œuf remplissent les fonctions spéciales auxquelles ils sont destinés et que la vraie circulation alimente la vie.

L'allantoïde, dont le développement est aussi complet que possible, apparaît, sillonné dans tous les sens par des vaisseaux gorgés de sang. Cet organe joue le rôle de poumons par sa face externe, tandis que sa face interne est en contact direct avec les excrétions du Poulet, auquel il sert de cloaque. L'allantoïde est donc chargé à lui seul, pendant les derniers temps de la vie embryonnaire, de la double fonction de recueillir les produits solides, liquides et gazeux, des sécrétions pulmonaire, cutanée et urinaire.

Tous les soins de la Poule couveuse ne se bornent pas, comme on pourrait le croire, à une incubation automatique et machinale d'immobilité. Sa sollicitude est incessante pendant toute la durée de l'incubation. Chaque jour elle retourne ses œufs, à l'aide du bec et des pattes, afin de leur communiquer une chaleur égale ; et, quand le moment de l'éclosion approche, la mère attentive guette le moindre bruit, le moindre mouvement que peut faire le jeune Poulet dans son œuf, et, dans son impatience, il lui arrive souvent d'élargir le trou fait par le petit à la coquille qui le retient captif. Elle fait à l'aide de son bec de petites entailles sur l'œuf, forme une section circulaire complète qui délivre le prisonnier, rassemble les deux portions de la coquille, emboîte la plus petite dans la plus grande, et débarrasse le nid de ces débris désormais inutiles. Lorsque l'oiseau se trouve en contact avec l'air extérieur, sa respiration devient

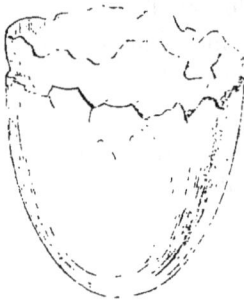

Fig. 290.

plus complète, se régularise, et ses organes sont prêts à remplir leurs fonctions.

En parlant du développement de l'embryon au sixième jour de l'incubation, nous avons dit que le vitellus était en communication avec l'intestin pour fournir au jeune Poulet les moyens de nutrition, et que l'ombilic restait ouvert et laissait passer une anse intestinale presque jusqu'au moment de l'éclosion; mais, à cette époque, l'intestin, jusque-là au dehors, prend sa place dans l'abdomen et entraîne avec lui dans le corps du Poulet le vitellus appauvri et sa membrane. La résorption de ces

Divers états de la vésicule ombilicale après l'éclosion, d'après M. Flourens.

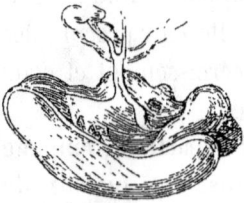

Fig. 291.
A la 16ᵐᵉ heure.

Fig. 292.
A la 90ᵐᵉ heure.

Fig. 295.
Le 5ᵐᵉ jour.

Fig. 294.
Le 10ᵐᵉ jour.

Fig. 295.
Le 21ᵐᵉ jour.

Fig. 296.
Chez l'adulte.

organes devenus inutiles se fait alors pendant un temps qui représente à peu près celui de la durée de l'incubation. Le petit Poulet peut rester trente-six heures et même quarante-huit heures sans prendre de nourriture, puisqu'il absorbe pendant ce premier temps de son existence ce qui reste du vitellus, et ce n'est guère que le second jour que toutes les parties du tube digestif commencent à fonctionner normalement. L'intestin du poulet devenu adulte conserve la trace de ces premiers moyens de nutrition dans l'œuf.

Tous les oiseaux n'ont pas, avons-nous déjà dit, le même développement en sortant de l'œuf et tous ne sont pas prêts à suivre leurs parents. Ainsi les petits des oiseaux de proie, des Passereaux, des Pigeons, de la pluplart des échassiers et ceux de tous les oiseaux de mer, ont des jambes encore trop faibles pour les soutenir, ils sont nus et leurs yeux ne s'ouvrent que quelques jours après leur naissance. La mère, dont ils ne peuvent se passer, est forcée d'en prendre un soin tout particulier, de les réchauffer, de les couvrir de son corps et de ses ailes, et de leur apporter une nourriture en partie digérée : devenus plus forts, elle leur procure des aliments plus substantiels pour hâter leur accroissement et pour fortifier peu à peu leur estomac encore faible.

Chaque oiseau, suivant l'ordre auquel il appartient, emploie toujours les mêmes aliments pour ses petits. Les oiseaux de proie, à cause de leur naturel carnassier, apportent aux leurs des lambeaux de chair et même des petits animaux vivants, pour les accoutumer de bonne heure à connaître les seuls objets qui puissent les nourrir. Les Passereaux remplissent leur jabot de grains ou de petits insectes, et les dégorgent, en partie macérés, dans le bec de leurs nourrissons. Les Pigeons dégorgent bien aussi le produit de leur jabot dans le gosier de leurs petits, mais c'est en prenant le bec de ceux-ci dans le leur. Les petits des échassiers, à la sortie de l'œuf, sont aussi débiles, et ils ne quittent le nid que lorsqu'ils sont couverts de plumes. Les petits de tous les gallinacés, des Autruches et des Casoars, ceux des Gralles, tels que les Outardes, les Pluviers, les Bécasses, les Chevaliers, les Râles et les Poules d'eau, et ceux de tous les Canards, Cygnes et Oies, sont, à la sortie de l'œuf, beaucoup plus parfaits : leur

corps est couvert de duvet, leurs yeux sont ouverts, leurs jambes sont robustes, et ils peuvent se procurer leur nourriture sous
la direction de leur mère.

Fig. 297. — Poussins.

Si l'on se transporte, au printemps, dans l'intérieur d'une
basse-cour, on voit la Poule se promener en triomphe, suivie de
ses nombreux Poussins : tantôt elle les rassemble sous son ventre, elle les couvre de ses ailes, et son courage devient extraordinaire s'il faut les défendre; tantôt elle les appelle par des gloussements vers les granges et les étables; elle leur montre du bec
les menus grains qui servent à les nourrir; sa sollicitude et son
attachement lui font braver tous les dangers : sauvage et timide

avant la ponte, elle se hâte d'éviter nos approches; mais, lorsqu'elle est devenue mère de famille, elle devient courageuse et même téméraire; elle attaque les Chiens à coups de bec, elle les harcèle et les chasse loin d'elle. Les petits Canards nagent et s'agitent en tout sens sur les mares : ils s'élancent sur l'eau après les Moucherons et les insectes, puis ils vont sur la terre se reposer et se sécher au soleil.

Ces soins des mères pour leurs petits ne subsistent qu'autant qu'ils paraissent avoir besoin d'elles. A mesure que les petits prennent des forces et lorsqu'ils sont en état de pourvoir à leur conservation et de satisfaire à leurs divers besoins, les attentions de la mère diminuent peu à peu; elle se fatigue de les voir, puisque ses soins leur sont désormais inutiles. On reconnaît qu'alors les liens qui unissent les pères et les mères avec leurs petits sont rompus; les mères, épuisées par de longues fatigues, par la construction de leur nid, par les soins de l'incubation et par leurs allées et venues continuelles, ont alors besoin de repos et de se nourrir pour reprendre des forces.

Après avoir fait connaître les résultats habituels de l'incubation normale, nous croyons devoir ajouter quelques mots sur certains accidents qui peuvent survenir et donner lieu à des déformations de l'embryon ou le faire mourir dans une des périodes de son développement.

On sait qu'un fœtus éprouve dans le sein maternel les mêmes alternatives de santé et de maladie que sa mère : c'est, comme l'a fait observer Étienne Geoffroy Saint-Hilaire, qu'il n'est pas là seulement dans une poche d'incubation, mais dans un milieu dont les parties avec lesquelles il est en rapport lui fournissent les éléments de sa nutrition; et alors il est tout simple que son développement régulier ou irrégulier dépende des conditions bonnes ou mauvaises de ces éléments qu'il puise chez sa mère. On ne peut, ajoute le même savant, appliquer le même raisonnement à un fœtus qui se dégage de la vie utérine à la manière du fœtus de Poulet, puisque les parties de l'ovule qui devront se transformer en organes sont, chez tous les ovipares, rassemblés à une époque où il n'y a pas encore d'existence fœtale perceptible pour nos sens. La mère, dans ce cas, reste donc étrangère au développement de son fruit, qui croît pendant l'incubation, ou du moins ne lui devient utile que mécaniquement, pour lui communiquer et lui conserver un certain degré de chaleur; c'est ce qu'établissent sans réplique les incubations artificielles.

D'où proviennent donc les anomalies qu'on observe si fréquemment chez les petits Poulets qui naissent dans nos basses-cours? Elles dépendent de causes le plus souvent accidentelles.

Le même œuf peut contenir deux jaunes ou ovules entraînés en même temps dans l'oviducte et enveloppés là par la même coquille. Les ménagères savent même souvent que telle poule pond fréquemment des œufs à deux jaunes. Soumis à l'incubation, cet œuf à deux ovules pourra donner un Poulet à deux corps unis l'un à l'autre et présentant quatre pattes, quatre ailes, etc. Ces monstruosités se remarquent assez souvent et s'expliquent par la pression des deux germes, dès le début et pendant la durée de leur développement; Geoffroy Saint-Hilaire les désigne sous le nom de pygomèles ou à membres supplémentaires.

D'autres déformations se présentent encore et dépendent, sans aucun doute, de circonstances fortuites et d'influences extérieures. Ces mêmes circonstances peuvent même entraîner la mort du germe; ainsi on a souvent l'occasion de constater que l'électricité, pendant un orage, fait mourir les petits dans les œufs soumis à l'incubation; et c'est pour neutraliser, dit-on, cette influence qu'on a, dans quelques localités, l'habitude de placer un morceau de fer dans les nids.

Il se peut encore qu'une influence locale et restreinte à une

partie de la surface de l'œuf devienne la cause de déformations
partielles, en gênant le développement d'une partie du côté
droit du germe, sans atteindre la même partie du côté gauche.
Il y a parfois alors arrêt de développement d'un côté et excès de
l'autre. Au nombre des causes qui donnent lieu à de semblables
monstruosités, on signale une saleté adhérente à une partie de
la coquille, de la boue desséchée, de l'albumine venant d'un
œuf cassé, le contact d'un corps gras qui bouche les pores de
l'œuf, une légère dépression, une fissure, enfin tout ce qui peut
modifier l'action de la chaleur communiquée ou apporter quelque trouble à la circulation des fluides et intercepter les com-
munications de l'intérieur de l'œuf avec l'extérieur. Voulant se
rendre compte de l'effet de ces influences si légères en apparence,
Étienne Geoffroy Saint-Hilaire a mis du vernis sur un assez grand
nombre d'œufs de la même Poule, en ayant l'attention de laisser
intacts les deux tiers à peu près de leur surface, et il les a placés sous une couveuse avec des œufs de la même mère n'ayant
subi aucune préparation. Après quelques jours, un de ces œufs
fut ouvert et examiné par M. Serres, qui ignorait l'intention de
son collègue et ne fit aucune attention à la présence du vernis
sur la coquille. Il remarqua que cet œuf contenait un embryon
dont la moelle épinière était plus renflée, la colonne vertébrale
plus forte, et les points osseux des vertèbres cervicales si écartés,
que celles-ci avaient tout à fait le caractère d'un *spina bifida*.
Trois autres Poulets provenant de ces œufs vernis, comparés à
d'autres Poulets de la même mère, présentaient des altérations
notables des os maxillaires.

L'inconstance possible de la température à laquelle les œufs
doivent, pendant un temps, rester soumis, l'humidité ou la sécheresse plus ou moins grandes du fond sur lequel ils reposent
pendant l'incubation, peuvent agir sur une partie seulement
d'un œuf, malgré le soin que prend la mère, comme nous l'a-

vons déjà dit, de les retourner de temps à autre, à l'aide du bec
et des pattes, pendant qu'elle les couve. Ces petites infractions
accidentelles peuvent produire des vices de conformation. C'est
ainsi que dans une couvée de Poulets, de Canards, de Faisans,
de Perdrix élevés dans nos basses-cours ou nos faisanderies, on
remarque quelquefois aux pattes ou au bec des déviations assez
importantes pour entraîner quelquefois la mort de ces petits es-
tropiés par des difficultés de locomotion ou de nutrition.

Les mêmes effets se produisent-ils chez ces oiseaux à l'état
sauvage? Nous le supposons, car nous avons tué, à diverses époques, plusieurs Perdreaux et un Faisan qui présentaient des déformations, des renversements congénitaux d'une patte. Ce ne
serait cependant pas une preuve suffisante, car ces oiseaux pouvaient avoir été élevés dans une faisanderie et mis en liberté,
comme cela se fait souvent; mais il faut ajouter que si les chasseurs ne constatent généralement pas des déformations de ce
genre, c'est parce qu'une déviation qui gêne la marche d'un oiseau le livre en quelque sorte à ses ennemis naturels dans les
premiers temps de son existence, et que si, parvenu à échapper
à ce premier danger, il tombe plus tard sous le plomb d'un
chasseur, il est mis dans le sac sans examen, et la cuisinière
qui le prépare n'y attache pas grande importance. Les déviations
dont nous venons de parler s'observent plus souvent sur les petits nés après une incubation artificielle; et ce mode d'incubation
donne surtout souvent lieu, sur le tube digestif et la peau, à
une altération qui fait périr un grand nombre de petits pendant
les quelques jours qui suivent l'éclosion.

On cite enfin quelques singularités inexplicables dont nous
croyons cependant devoir dire un mot, parce qu'elles ne man-
queraient pas d'intérêt si elles étaient mieux constatées et mieux
étudiées. Buffon a dit, mais sans preuves, que si un obstacle
naturel ou artificiel s'opposait à la ponte chez une Poule, et la

forçait à garder son œuf fécondé pendant vingt et un jours dans
l'oviducte, on verrait alors le petit sortir vivant, si, ajoute-t-il,
la chaleur intérieure, trop forte, ne l'avait fait périr. Cette opinion
a pu trouver quelque crédit chez les amis du merveilleux, mais,
hâtons-nous de le dire, avec les idées admises sur l'existence de
la respiration de l'embryon de l'oiseau dans l'œuf, elle ne supporte pas la discussion, même en ne l'appliquant qu'aux premières heures du séjour accidentel d'un œuf dans l'oviducte,
séjour équivalant au premier temps de l'incubation normale.
Aussi nous contenterons-nous de dire qu'on cite, sans garanties
suffisantes, plusieurs exemples de développement complet ou
presque complet que des embryons auraient atteint dans des
œufs retenus par une cause quelconque et pendant un temps plus
ou moins long dans la partie inférieure de l'oviducte de Poules
ordinaires et de Poules d'Inde. Les expériences faites dans le but
d'éclairer la question par Étienne Geoffroy Saint-Hilaire, sur des
Poules dont l'oviducte fut artificiellement fermé au moment où
l'œuf allait en sortir, prouvent, par leurs résultats, que l'incubation intérieure entraîne la décomposition des parties fluides de
l'œuf, et que si l'embryon a pu commencer à se former sous
l'influence de la chaleur, il ne laisse aucune trace appréciable
de ce commencement de développement. Ce fait nous rappelle
les expériences déjà citées du même savant, et qui prouvent que
l'embryon peut se former dans des œufs vernis et privés ainsi
de communication avec l'air extérieur, mais que ce développement s'arrête à la douzième ou quinzième heure, et l'embryon
meurt asphyxié.

NEUVIÈME LEÇON

Modes de locomotion : vol, marche, natation.

Tout mouvement ou jeu d'un membre suppose nécessairement un appareil musculaire approprié et spécial.

La description que nous avons donnée des diverses parties du squelette et des muscles puissants des ailes et des cuisses des oiseaux nous permettra d'expliquer les divers mouvements de ces animaux.

La faculté de voler donne à l'oiseau un caractère tout particulier. La configuration des membres antérieurs ou ailes, les plumes qui les garnissent, la situation du centre de gravité entre les ailes, la longueur plus ou moins grande du cou pour faire contre-poids, celle de la queue qui représente un gouvernail, l'immobilité de la colonne vertébrale jusqu'aux vertèbres caudales, qui seules sont mobiles, et la pneumaticité si exceptionnelle des animaux de cette classe, sont les éléments principaux du vol. Dans l'exécution du vol il y a une résistance à vaincre, des puissances déterminantes et un point d'appui indispensable. La résis-

24.

tance ne se trouve pas seulement dans l'air qui fait obstacle, en même temps qu'il sert de point d'appui, mais bien plus dans le poids du corps, plus lourd que le milieu dans lequel il peut néanmoins rester suspendu. Les puissances sont les ailes, dont le développement n'est pas toujours proportionné au poids du corps, et dont la forme présente de nombreuses variations. Après s'être élancé par un saut, l'oiseau s'élève dans les airs à l'aide du mouvement que les muscles pectoraux impriment aux ailes ; il se dirige dans l'espace au moyen d'un gouvernail horizontal que constituent merveilleusement les plumes de la queue. Il plane en étalant largement ses ailes et sa queue, et en remplissant ses nombreuses cellules aériennes ; il se précipite avec plus ou moins de rapidité en comprimant ces cellules et en cessant d'agiter ses ailes.

Lorsque les ailes sont peu développées, comme dans l'Autruche, le Casoar et les Pingouins, le vol est impossible ; mais il acquiert, au contraire, une rapidité excessive quand la conformation des ailes et la puissance musculaire réunissent les conditions les plus favorables à son accomplissement. On peut admettre qu'un oiseau de proie peut parcourir deux cents lieues en dix heures, rapidité qui dépasse de plus du double celle du meilleur cheval de course.

Fig. 298. — Gorfou sauteur

C'est la force du point d'appui que l'aile trouve dans l'attache des muscles pectoraux fixés au sternum, et des deux côtés du

bréchet, qui lui donne son ressort, modifié, selon les besoins de
l'oiseau, par les divers mouvements oscillatoires que sa volonté

Fig. 299. — Frégate.

parvient à leur imprimer. Mais, avant d'aborder la question,
disons quelques mots des plumes, considérées comme le plus
puissant auxiliaire du vol. Dirigées d'avant en arrière et se mou-
lant sur le corps, elles offrent à l'air, dans le temps du vol, la
moindre résistance possible.

Elles sont de deux sortes : les *plumes proprement dites*, et
les *pennes*, qui sont les grandes plumes des ailes et de la queue.
Les plumes proprement dites couvrent tout le corps. Elles sont
en général plus petites aux parties antérieures et plus grandes
aux parties postérieures. Toutes ces plumes n'ont d'adhérence
qu'avec la peau; leur tuyau n'y est enfoncé que peu profondément; leurs barbes sont à peu près d'égale longueur des deux
côtés; plus bas que les barbes, ou mieux, à l'origine de la plume,
il y a un léger duvet. Ces plumes sont disposées, du sommet de

la tête à la queue, de manière à se recouvrir en partie les unes les autres, à peu près comme des écailles. Cette disposition et leur légère courbure permet à l'air de glisser sur elles pendant le vol.

Les plumes qui couvrent l'aile depuis son attache au corps jusqu'au pli qui correspond au poignet sont dites les *couvertures des ailes*. Les unes sont placées au-dessus de l'aile et les autres au-dessous. On distingue celles qui sont au-dessus en *grandes*, *moyennes* et *petites*. Les petites couvertures couvrent toute la partie supérieure et le pli de l'aile; les grandes, plus éloignées du corps, couvrent les pennes; enfin les moyennes couvertures méritent ce nom par leur volume et par leur position entre les grandes et les petites.

Fig. 500. — Aile de Rapace: voilier.

Les *plumes scapulaires* se trouvent près de l'attache de l'aile avec le corps, à la partie qui correspond à l'omoplate. Elles sont beaucoup plus nombreuses et plus développées dans certaines espèces que dans d'autres, et elles sont dirigées suivant la longueur du corps, interposées de chaque côté, et flottantes entre l'aile et le dos, qu'elles couvrent en partie. Dans plusieurs espèces elles sont aussi longues et même plus longues que les ailes. Cette

sorte de luxe, ou plutôt de nécessité, est assez ordinaire dans les
espèces de la famille des Hérons, nous pourrions même dire dans
l'ordre entier des gralles et des échassiers. Ce sont quelques-unes
de ces plumes très-développées, à barbes fort longues, fines et
désunies, qui se trouvent sur l'Aigrette et qui sont recherchées
comme ornement.

Les couvertures internes de l'aile la couvrent en dessous, depuis son attache avec le corps jusqu'à son pli. Elles sont oblongues,
douces au toucher, légèrement courbées d'avant en arrière et
de dehors en dedans ; leurs barbes, peu serrées, sont plus courtes
du côté interne, leur tuyau est fort petit, et ces plumes sont généralement molles ; elles ne s'étendent guère au delà de l'origine
des premières pennes de l'aile.

Fig. 501. — Tachyphone xanthopyge.

Au-dessous des couvertures de la partie inférieure, et à la jonc-
tion de l'aile avec le corps, naissent des plumes presque toujours
passées inaperçues dans les descriptions et qui n'ont guère été
observées que par Mauduyt, qui en a fait l'objet d'une savante
dissertation ; elles méritent cependant qu'on en parle. Il est
vrai qu'elles ne sont pas également remarquables dans tous les

oiseaux, qu'elles manquent à un grand nombre, et que leur exiguïté dans beaucoup d'espèces a dû les faire négliger. Mais leur développement, leur usage méconnu ou ignoré dans certains oiseaux, dans ceux de proie en général, dans les oiseaux voyageurs, dans ceux qui, sans changer de demeure, entreprennent de hauts et longs vols, sont des motifs bien fondés pour les étudier.

Ces plumes, que nous nommerons *auxiliaires*, forment ce que Wilhugby appelait l'*aile intérieure*; on les trouve sur les oiseaux qui volent très-haut et très-longtemps. Elles sont le plus ordinairement étroites et de forme allongée; roides et souvent lancéolées; leur tuyau est gros et très-fort; leur extrémité est plus ou moins arrondie; leurs barbes sont de longueur égale des deux côtés de la tige, et très-serrées; leur direction est d'avant en arrière, et elles sont sur une même ligne transversale; leur nombre, leur longueur, leur forme même, varient dans certains genres. Quand l'aile est pliée, elles sont couchées contre le corps; mais elles s'en écartent quand l'aile est étendue; alors, si l'oiseau vole vent debout, ces plumes, dont la direction est d'avant en arrière, ne font pas obstacle à l'air; mais, si l'oiseau vole vent arrière, l'air, rencontrant ces plumes, les pousse contre leur direction, les relève, les écarte, et elles constituent alors une véritable voile, sur laquelle il porte son impulsion. Ce sont ces plumes qui, très-nombreuses et très-remarquables par leur développement dans l'Oiseau de Paradis, forment de chaque côté le panache qui accompagne, qui masque et dépasse la queue; ce sont elles qui, exceptionnellement chargées des plus riches couleurs, forment comme une seconde aile auxiliaire de l'aile véritable.

On désigne encore sous le nom de *couvertures* les plumes qui enveloppent la base de la queue, soit en dessus, soit en dessous; celles du dessus sont en général longues, larges et arron-

dies à leur extrémité, souples et douces au toucher. Parmi celles
du dessous, les premières, qui entourent l'anus, sont encore plus
molles et plus douces, et fournissent les panaches appelés *mara-
bouts*, du nom de la Cigogne qui en est ornée. Mais celles qui

Fig. 302. — Veuve à collier d'or.

sont plus en arrière et qui s'étendent davantage au delà de la
queue sont plus fermes, plus longues et plus larges. Ce sont les
couvertures supérieures de la queue qui, dans l'oiseau connu sous
le nom de Veuve, se prolongent excessivement, et forment cette
fausse queue si longue et flottante qui entoure et qui cache la véritable. Ce sont aussi les couvertures supérieures de la queue
qui, se prolongeant et prenant une forme étroite chez le Coq,

fournissent ces plumes ondoyantes qui accompagnent des deux côtés l'origine de la queue. Ce sont encore les mêmes plumes qui, prolongées excessivement chez le Paon, composent la riche parure qu'il déploie. On prend généralement ces belles plumes pour la queue, qu'elles couvrent et qu'elles cachent. Chez cet oiseau, la queue est brune, courte, sert de soutien au pompeux ornement fourni par ses couvertures, et on ne l'aperçoit que lorsque ces couvertures sont relevées et étalées.

Les plumes qui servent particulièrement au vol sont les pennes des ailes ou rémiges, et celles de la queue ou rectrices. On distingue celles des ailes en grandes ou primaires, et en moyennes ou secondaires. Ces dernières naissent de la partie postérieure de l'aile, depuis son attache avec le corps jusqu'à son pli ; elles sont ordinairement larges à proportion de leur longueur, et leur extrémité est arrondie ; leurs barbes sont beaucoup plus longues du côté du corps que du côté externe. Les grandes pennes des ailes ou rémiges primaires se trouvent depuis le pli de l'aile jusqu'à son extrémité. Elles sont grandes et résistantes ; leur tuyau est plus gros, leurs barbes, quoique assez longues, sont fortes, ont beaucoup de ressort, et sont très-intimement unies entre elles.

Fig. 505 — Hirondelle de mer Pierre-Garin, d'après Gould.

Ces plumes sont plus moins longues et larges, et différemment échancrées ou figurées dans divers genres d'oiseaux, sans que leurs dimensions soient en proportion de la grosseur du corps. Ainsi de très-petits oiseaux ont parfois les pennes des ailes plus longues ou aussi longues que des oiseaux dont le corps est d'une grosseur moyenne : les Mouettes, les Hirondelles de mer les plus petites, ont les pennes des ailes plus longues ou aussi longues que celles des Pigeons, dont le corps est beaucoup plus gros que le leur.

La longueur, la forme des pennes, sont deux des conditions importantes du vol. En général, plus les pennes de l'aile sont longues, plus le vol peut être élevé, soutenu et rapide ; mais cela ne suffit pas, il faut encore certaines conditions de forme qu'il est important de connaître, et qui présentent un grand nombre de nuances. En effet, la forme des pennes rend le vol ou supérieur ou inférieur, suivant que leurs barbes sont régulières et décroissent insensiblement de la base à la pointe de la plume, ou suivant qu'elles se raccourcissent tout à coup, le plus ordinairement du côté du corps, et quelquefois des deux côtés, de manière à former de brusques échancrures. Dans le premier cas, l'aile présente les conditions les plus favorables pour le vol, parce qu'elle frappe l'air par une surface plus étendue, plus continue et non interrompue. Dans le second cas, plus il y a de pennes échancrées et plus les échancrures sont fortes, et moins le vol sera puissant. Les oiseaux qui s'élèvent très-haut, qui forcent le vent et se soutiennent en l'air longtemps, ont toutes les pennes entières ; ceux qui volent bas, qui ne sauraient forcer le vent, et dont le vol est court, ont les pennes plus ou moins échancrées ; ce résultat est facile à comprendre : lorsque l'aile s'abaisse pour frapper l'air, une partie de cet air passe par les espaces vides que les échancrures laissent entre les pennes, et le point d'appui manque de solidité. C'est ce qui, dans les usages de l'ancienne fauconnerie, avait fait diviser les oiseaux, d'après la disposition de leurs pennes alaires, en oiseaux de haut ou de bas vol (fig. 47 et 300).

Fig. 304. — Faucon cresserelle.

On conçoit qu'il y ait des différences infinies dans le vol des divers genres et même des diverses familles. Ainsi, parmi les oiseaux de proie diurnes, cette forme et cette disposition ne seront pas les mêmes pour les vrais faucons, dont le vol a pour but la chasse dans le haut des airs, et qui s'abattent sur la terre avec leur proie, que pour les Aigles, qui, au contraire, poursuivent cette proie sur le sol ou au milieu des rochers, et qui, après s'en être emparés, l'enlèvent avec leurs serres.

La puissance du vol est même favorisée dans certaines espèces

par une disposition anatomique qui n'a pas encore fixé l'attention : nous voulons parler du point d'appui que les rémiges secondaires prennent jusque sur le cubitus, où leurs tuyaux laissent
la trace de leur implantation, comme si cet os avait servi de ma-
trice à leurs bulbes.

Fig. 305. — Avant-bras de Pélican.

Chez les gallinacés, la difficulté du vol ne vient pas seulement
de la forme obtuse ou concave des ailes, mais bien plutôt de l'é-
loignement du sternum, plus membraneux qu'osseux, de l'extrémité de la *fourchette* et des clavicules. Cette disposition recule en
effet le centre de gravité du corps des points d'attache des muscles moteurs et extenseurs de l'aile. C'est pour mettre ces oiseaux
à même de balancer ce déplacement désavantageux du centre de
gravité qu'ils ont été pourvus d'ailes dont la forme peut paraître
incomplète comme instrument voilier, mais qui est ce qu'elle devait être pour les aider à supporter le poids de leur corps : car,
indépendamment de leur forme, l'allongement gradué de leurs
pennes, à tiges solides, et dessinant presque le demi-cercle, et
surtout leur concavité, conditions auxquelles il faut ajouter le
rapprochement exact des pennes, leur superposition et l'engrène-
ment de leurs barbules, viennent augmenter leur force de résistance et les aider à soutenir leur vol.

Les pennes de la queue, ou *rectrices*, sont généralement plus
longues et plus larges que celles des ailes ; leurs barbes sont
égales des deux côtés ; chaque penne va en s'élargissant de la base
à l'extrémité, et se termine le plus souvent en un épanouissement

plus ou moins arrondi, ou dont les angles sont émoussés. Ces
plumes sont profondément implantées dans le croupion et pénètrent jusqu'au périoste, qui revêt le coccyx. Elles sont rangées sur
un segment de cercle et peuvent à volonté s'écarter en éventail
ou se rapprocher. Cette disposition permet à l'oiseau de présenter à l'air une plus grande surface, de devenir plus léger, de
s'élever plus aisément ou de descendre plus facilement; tandis
que le mouvement de la queue, à droite ou à gauche, semblable
à celui du gouvernail d'un navire, le dirige suivant son désir.

Fig. 308. — Platycerques à ventre jaune et flavéole.

Presque tous les oiseaux dont le vol est élevé, long et rapide,
et qui en volant retirent leurs pieds sous l'abdomen, ont les
pennes de la queue disposées comme nous venons de le dire.
Quelques-uns cependant, avec un vol aussi élevé et aussi soutenu,

comme les Hérons et les Cigognes, ont la queue très-courte; mais leurs longues pattes qu'ils étendent en arrière en volant, et

Fig. 307. — Grue cendrée, d'après Gould.

qu'ils portent parallèlement au corps, suppléent à ce qui manque en longueur, comme gouvernail, aux pennes de leur queue, et de plus, chez ces oiseaux, les couvertures des ailes, ces plumes *auxiliaires* dont nous avons parlé, très-longues aussi, font parfois l'office de voile en prenant le vent, et compensent l'exiguïté de la queue, comme on peut le reconnaître en observant le vol de tous les grands échassiers.

Les différences nombreuses que présente la queue des oiseaux ont fourni un caractère de plus aux classificateurs; mais, lorsqu'on parle de sa forme, c'est toujours en la considérant sur l'oiseau à l'état de repos. Ainsi on dit que la queue du Condor est *carrée*, parce que, les pennes étant rapprochées, leur extrémité se trouve sur une même ligne droite; ce qui ne veut pas dire que lorsque l'oiseau vole ou plane l'étalage de sa queue ne représente alors une portion de cercle. La queue *arrondie* est celle dont les rectrices médianes, légèrement plus longues que les latérales, représentent l'extrémité de la lame d'un couteau à papier : telle est la queue du dindon. Lorsque la diminution dans la longueur des plumes latérales, au lieu d'être peu sensible, se fait assez rapidement pour que les rémiges les plus externes soient de moitié ou même de deux tiers plus courtes que celles du milieu, la queue est ce qu'on nomme *étagée :* celle de la Pie commune nous offre un exemple de cette forme; seulement la gradation n'y est pas complétement régulière, les deux rectrices

Fig. 308. — Synallaxe de Tupinier.

médianes étant un peu plus longues que toutes les autres. Dans le cas où les rectrices diminuent de longueur non-seulement du milieu vers les bords, mais alors que chacune d'elles se rétrécit depuis la base jusqu'au sommet, il en résulte une queue *aiguë*, comme celle des Aras et de beaucoup de Perruches. Une forme assez remarquable et qui tient un peu de celle que nous indiquons chez les Pies nous est présentée par certains oiseaux de l'Amérique du Sud, les Momots : chez eux, les deux rectrices

médianes, qui dépassent de beaucoup leurs voisines, sont privées
de barbes dans presque toute cette portion, et ne les reprennent
que vers l'extrémité. Certains Gobe-mouches de l'Inde, les Dron-
gos, plusieurs Oiseaux-mouches, une Perruche de Mindanao, ap-
pelée à cause de cela Perruche à palettes, sans parler de quelques
Paradisiers et de plusieurs autres oiseaux, nous offrent cette disposition encore inexplicable, mais dont la cause doit se trouver
probablement dans les moyens de fabrication du nid. Il n'est guère
plus facile de se rendre compte de l'u-
tilité que peut avoir pour l'oiseau de
mer des tropiques appelé Paille-en-queue
ou Phaéton l'allongement excessif et la
conformation des deux rectrices médianes. Ces deux plumes, qui sont presque
réduites à la tige, car elles ne présentent
de chaque côté que des rudiments de
barbes très-courtes, atteignent presque
soixante-six centimètres de longueur,
tandis que toutes les autres n'ont que
quelques centimètres. Chez l'Argus, les
deux rectrices moyennes, longues de près

Fig. 509.
Spathure roux botté.

de cent trente-trois centimètres, sont aussi très-disproportionnées
par rapport aux autres; mais, au lieu d'être grêles comme celles
de l'oiseau des tropiques, elles sont larges. Lorsque l'Argus relève la queue et l'étale, toutes les rectrices sont sur le même plan;
mais, au repos, les pennes retombent à droite et à gauche en
forme de toit, et c'est ainsi que la portent presque tous les Faisans. Enfin, on nomme queue *fourchue* celle dont les rectrices
latérales sont beaucoup plus longues que les médianes; cette disposition se remarque chez les oiseaux dont le vol est le plus soutenu, le plus rapide et le plus aisé. Ainsi on en trouve des exemples chez les Hirondelles, les Engoulevents les plus agiles; chez

les Sternes ou Hirondelles de mer, chez les Frégates, chez les Milans, et particulièrement chez ceux qui passent la plus grande partie de leur vie dans les airs, comme le Milan de la Caroline. Cette disposition gracieuse de la queue n'est cependant pas une conséquence rigoureuse de l'existence aérienne, car quelques espèces d'Hirondelles, même parmi celles qui volent le mieux, les Pétrels, les Albatros et beaucoup d'autres oiseaux grands voiliers,

Fig. 310. — Typhaène de Dupont.

ont une queue de forme bien opposée à celle dont nous parlons. Nous verrons aussi que la queue chez certains oiseaux remplit les fonctions d'un véritable balancier ou sert d'appui.

On distingue, dans l'organe mécanique du vol, l'*aile proprement dite* et la *fausse aile*, ou *aile bâtarde*. Cette dernière consiste en un appendice situé au-dessous du pli, à peu près à l'origine et au bord externe de la première rémige, ordinairement la plus courte. Cet appendice, ou *aile bâtarde*, est formé intérieurement par cet os oblong, étroit, externe, qui, dans le squelette de l'aile, représente, comme on peut se le rappeler, une sorte de doigt ; l'aile bâtarde est composée de quatre à cinq plumes roides, taillées en lame un peu courbée du côté interne et dont les barbes externes sont fort courtes et les internes plus longues. Ces plumes, par leur structure, par leur roideur, ont beaucoup de rapport avec les pennes, mais elles sont beaucoup plus petites. C'est cette partie que les oiseleurs nomment le *fouet de l'aile*. Mais ils comprennent souvent aussi sous ce nom toute la partie qui correspond au poignet et qu'ils amputent pour empêcher les oiseaux de voler au loin. Cette opération, sans danger pour la santé, les rend à tout jamais impropres au long vol et ne laisse aucune trace bien apparente; le vol alors ne consiste plus qu'en des sauts courts, pesants, sans possibilité de s'élever. L'aile ne présente à l'air, en s'élevant, qu'un bord mince et tranchant, et, en s'abaissant, elle le frappe de toute l'étendue de sa surface. C'est une rame, qui comme le dit ingénieusement Mauduyt, est très-longue, très-légère, et cependant très-forte. En s'abaissant, suivant les angles qu'elle forme et suivant les temps de son mouvement, elle frappe l'air de haut en bas et d'avant en arrière, et, par cette double action, elle soulève ou soutient le corps et le porte en avant. Mais, lorsque, content de la hauteur à laquelle il est parvenu, l'oiseau ne veut que s'avancer horizontalement, il porte en avant et obliquement la partie de l'aile qui forme la rame, sans beaucoup l'élever, et la ramène en arrière en la baissant. S'il veut se soutenir à la même hauteur et planer, il ralentit et adoucit ses mouvements, dont les uns lui font regagner ce qu'il perd en hauteur par son poids dans un temps donné, et les autres le poussent lentement au-dessus du lieu sur lequel il plane. L'oiseau dont l'aile est composée de pennes non échancrées a un grand avantage sur celui dont la même partie se compose de pennes échancrées qui laissent entre elles des vide plus ou moins larges. Le premier frappe l'air par une surface continue et plus étendue, c'est l'*oiseau de haut vol* ou le *rameur;* tels sont, par exemple, tous les Faucons. Le second perd une partie de ses efforts, puisque l'air qu'il frappe passe entre les extrémités des pennes; aussi ne peut-il s'élever qu'à une hauteur moyenne; c'est l'*oiseau de bas vol*, synonyme du nom de *voilier*, applicable à tous les Autours et à tous les Éperviers. La même distinction peut s'appliquer à tous les autres oiseaux, surtout à ceux qui entreprennent de longs voyages.

Lorsque l'oiseau plane et dessine des spirales gracieuses, l'aile placée extérieurement au cercle décrit manœuvre seule et presque imperceptiblement pour régler le mouvement rotatoire au-

quel concourt aussi la queue par la forme et la direction qu'elle
prend.

Ainsi, quoique les ailes soient les parties essentielles pour le
vol, la queue, malgré ce qu'en a pu dire Borelli, y contribue
aussi beaucoup; elle sert à élever le corps, à régler la direction
du vol, à modérer ou à précipiter la descente de l'oiseau. Lorsqu'il quitte le sol ou la branche sur lesquels il reposait, l'oiseau
étale les pennes de sa queue, qui devient un auxiliaire du vol, soit
en formant une voile horizontale mobile dans tous les sens, soit
en augmentant la surface du corps et par conséquent sa légèreté.
Les angles plus ou moins exprimés qu'elle peut former avec le
corps favorisent les divers mouvements à exécuter et servent
surtout à les diriger. L'oiseau veut-il descendre des airs sur le
sol, il ramasse ses ailes, resserre les pennes de sa queue, plie en
quelque sorte toutes ses voiles et laisse agir le poids de son corps,
qui accélère cette chute d'après les lois connues. La descente
doit-elle être lente, une légère différence dans le reploiement des
ailes et de la queue suffit pour la modérer. Les pennes de la
queue restent néanmoins un peu écartées les unes des autres, jusqu'au moment où les pieds vont rencontrer le sol, parce qu'elle
détermine la position du corps, dont les parties antérieures sont
dirigées en bas; mais, dès que le corps va toucher le but, la queue
se resserre tout à coup et s'incline de façon à permettre au corps
de reprendre son équilibre et la position horizontale.

Disons pour nous résumer que le vol s'exécute presque sans
efforts, en partie à voile et en partie à rame, et qu'il est réglé par
les divers mouvements de la queue. Les oiseaux qui ont des
rames puissantes affrontent le vent et s'élèvent autant qu'il leur
plaît; ils sont les souverains de l'air. Ceux qui n'ont que des
rames échancrées luttent mal contre le vent et tirent plus parti
que les premiers des moyens accessoires, qui sont loin de compen-
ser la perfection de l'aile.

Le vol ordinaire fatigue peu l'oiseau, et c'est souvent du haut des airs qu'il fait entendre des cris continus de satisfaction ou de rappel.

Organisés généralement pour passer d'un lieu à un autre en traversant l'air plutôt que pour vivre sur le sol, les oiseaux marchent moins la plupart du temps qu'ils ne volent, et souvent semblent marcher sans grâce, parce qu'ils paraissent le faire avec difficulté.

Le corps des oiseaux, ayant sa moitié supérieure beaucoup plus pesante que l'inférieure, a une situation oblique. Cette position fait tomber le centre de gravité du corps sur sa base naturelle, mais la marche est loin d'être facile chez beaucoup d'entre eux, surtout chez ceux dont les ailes sont très-allongées.

Fig. 311. — Atélornis squamigère.

La disposition des orteils élargit considérablement leurs pieds sans nuire à la légèreté ; le doigt postérieur, souvent très-long,

représente un calcanéum très-favorable à la station. Ainsi l'A-
louette, qui marche avec plus de facilité que beaucoup d'autres

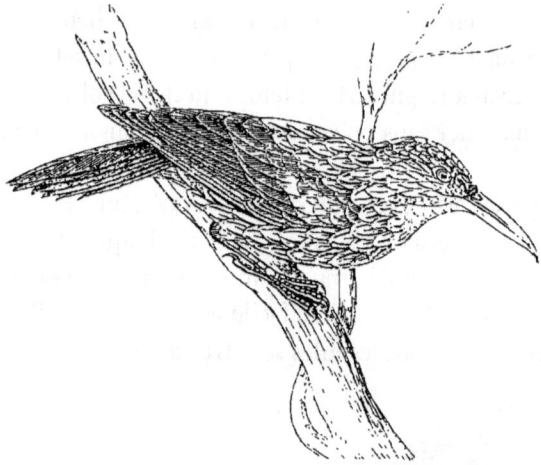

Fig. 312. — Dryocope à bec d'ivoire.

oiseaux, a un doigt postérieur dont la dimension est encore augmentée par un ongle très-long, et la queue, souvent fort longue,
remplit dans certaines espèces le rôle d'un balancier. Les Bergeronnettes et les Lavandières, que l'on désigne sous le nom de
Hoche-queues, marchent ou courent à pas lents ou pressés, mais
toujours faciles, pendant qu'elles remuent continuellement la
queue de haut en bas. Les mouvements alternatifs de ce balancier, continuellement répétés, redressent à chaque instant le
corps près de fléchir en avant sur ses appuis ; et l'habitude de
leur jeu donne à tous les mouvements du corps une précision singulière. Mais ce balancier même ne suffit pas pour fixer le Tra-
quet, qui ne cesse d'agiter ses ailes et sa queue pendant le temps
toujours court où il demeure posé.

Il est aisé de reconnaître l'insuffisance de ces moyens pour
assurer la station des oiseaux dès qu'ils veulent faire quelque

effort en marchant. Mais un fait remarquable de la station de ces
animaux, c'est qu'ils peuvent se soutenir sans fatigue et même

Fig. 315. — Jacana à nuque blanche.

dormir sur les branches qu'ils embrassent avec le doigt; nous
avons déjà dit à ce sujet que les muscles fléchisseurs des pattes et
des doigts sont plus forts que les extenseurs leurs antagonistes.
Cette supériorité des fléchisseurs subsiste et doit être même encore plus forte pendant le sommeil. On sait que la mort même
de l'oiseau surpris dans cet état d'inégale distribution des forces
ne fait pas toujours cesser l'action des fléchisseurs, qui, par leur

contraction naturelle, retiennent la victime à la branche qui la
supportait vivante. On sait aussi que les oiseaux dorment la tête
placée sous une des ailes : ce qui est indispensable pour que le
centre de gravité tombe sur l'intervalle des pieds qui supportent
le corps.

Divers oiseaux, en marchant, abaissent à chaque pas la tête et
le cou et les étendent en avant. Cette manœuvre est nécessaire à
l'équilibre du corps, qui reste soutenu sur une jambe, pendant
que l'autre jambe s'avance, se fixe et se redresse pour le soutenir à son tour. La projection qui précède chaque pas de ces oiseaux est naturellement plus sensible lorsque le sol est en pente,
puisque dans ce cas l'équilibre est plus difficile à obtenir. Il y a
des oiseaux dont le corps est naturellement si porté en avant, dans
la station, qu'il s'abattrait à chaque pas dans le mouvement
alternatif des jambes. Tels sont les Moineaux, les Merles, les
Pies, etc. Ces oiseaux doivent donc mouvoir les deux jambes à la
fois ; aussi ne marchent-ils réellement pas et s'avancent-ils sur le
sol par de petits sauts bas et répétés. Mais, dans le mode de pro-
gression du plus grand nombre des oiseaux, les jambes ont un
mouvement alternatif. Elles se meuvent comme des échasses chez
ceux qui sont haut montés, tels que les Grues, les Cigognes, dont
la marche grave et mesurée ne manque pas d'aisance ; on a pu
remarquer que ces oiseaux se soutiennent fréquemment sur une
seule jambe et qu'ils dorment le plus souvent dans cette position.

Chez les oiseaux qui ont le corps gros et pesant, comme l'Oie
et le Canard, qui marchent lentement, chaque pas est accompagné d'une vacillation latérale du corps sur la jambe qui doit le
soutenir. Chez les oiseaux lourds encore, mais dont la marche est
assez rapide pour que le corps ne pose pas longtemps sur la jambe
fixe, les poules par exemple, il y a une allure toute particulière
qui porte le corps alternativement à droite et à gauche, de façon à
faire croire qu'à chaque pas elles vont changer de direction. La

marche du Casoar et de l'Autruche a aussi un cachet tout particulier : il y a un mélange peu gracieux du pas et du saut, ce qui
ne les empêche pas d'avancer plus vite que le meilleur coursier.

Fig. 514. — Pénélope noire.

Les oiseaux dont la cuisse est articulée en arrière du centre de
gravité, comme les Canards, ont généralement les jambes fort
courtes; leur corps est horizontalement porté à sa partie antérieure,
si lourde, qu'elle semble les entraîner malgré eux. Ils avancent
peu, même en se hâtant, et perdent l'équilibre devant le moindre
obstacle. Il est évident qu'ils ne sont pas organisés pour marcher.
Ces conditions sont même encore exagérées chez les Grèbes, les
Plongeons, les Pingouins, les Manchots, etc., dont les membres
fort courts sont articulés à l'extrémité postérieure du corps. Mais,

en compensation, ces oiseaux sont d'excellents nageurs. La terre est l'élément qu'ils habitent le moins, tandis que l'eau est celui sur lequel ils passent la plus grande partie de leur vie. Leurs pieds, par leur forme particulière et par leur position, sont de véritables rames. Les Pétrels, avec la même conformation des extrémités, courent légèrement à la surface des mers les plus agitées, en frappant précipitamment les flots du plat de leurs pieds palmés, tandis qu'une partie de leur corps est soutenue sur l'eau par le mouvement de leurs ailes.

Les oiseaux dont la cuisse n'est articulée que peu au delà du centre de gravité jettent leurs pieds de côté en nageant, tandis que ceux qui ont la cuisse placée tout à fait à l'extrémité du corps les jettent droit en arrière : les uns et les autres plongent plus ou moins facilement; les derniers cependant sont et meilleurs nageurs et surtout excellents plongeurs. Le poids de leur corps,

Fig. 315. — Plongeon Lumme, d'après Gould.

rendu plus léger par une couche de duvet et une couche de plumes épaisses, ne suffirait pas pour leur permettre d'enfoncer dans

l'eau : ils y arrivent cependant en plongeant perpendiculaire-
ment la tête et le cou, qui entraînent le corps dans un mouvement de bascule aidé par quelques coups de leurs pieds palmés.
Le premier temps de ce mouvement est celui qui exige le plus
d'efforts ; le second, qui les engage sous l'eau, est plus simple.
C'est ainsi que procède le Canard plongeur (*Anas mersa* de
Pallas), qui ne peut marcher, et qui, en nageant, a la région
postérieure du corps beaucoup plus enfoncée dans l'eau que
l'antérieure, aussi plonge-t-il avec une grande facilité. Nous
mentionnerons seulement ici les Manchots et les Gorfous, qui ont
une organisation tout exceptionnelle parmi les oiseaux, car leurs
ailes, impropres au vol, sont transformées en rames.

26

Fig. 316. — Canard sauvage commun

DIXIÈME LEÇON

Distribution géographique.

L'époque à laquelle les oiseaux ont paru sur le globe est très-ancienne. La création de ces animaux a dû être successive et non simultanée, et les espèces aquatiques ont précédé les espèces terrestres. L'ordre probable suivi par la nature est suffisamment indiqué par la structure, les aptitudes, les mœurs et le régime des groupes assez nombreux et assez variés de la classe. Les Manchots ont sans doute paru les premiers, et à leur suite les autres oiseaux nageurs; puis sont venus les échassiers, les oiseaux de rivage et de marais. Dès qu'une partie de la surface du globe a été mise à nu et desséchée, ont apparu les oiseaux coureurs; après eux les gallinacés et les colombidés, ce type intermédiaire entre les gallinacés et les passereaux, qui ont dû les suivre, ainsi que les grimpeurs; mais leur existence n'a pu être assurée qu'après le développement des arbres; enfin les oiseaux de proie ont, selon toute probabilité, couronné l'œuvre. Les restes fossiles des oiseaux pourraient seuls nous indiquer l'ordre chronologique que

nous cherchons à établir; mais, beaucoup moins nombreux que
ceux des autres animaux, les débris fossiles des oiseaux ne se
prêtent pas à une détermination facile. En effet, l'absence de
dents, le peu d'épaisseur des os, les parties cornées du bec et des
doigts, ainsi que les plumes qui se décomposent en peu de temps,
laissent l'étude paléontologique des oiseaux dans une grande incertitude. Cependant les os de ces animaux sont bien distincts
et ne peuvent être confondus avec ceux des animaux des autres
classes.

Les oiseaux aquatiques ont été, disons-nous, créés les premiers, alors que la terre était encore couverte d'eau, et leurs os
fossilisés devraient être assez répandus; il n'en est cependant pas
ainsi : leur organisation leur a donné le moyen d'éviter les inondations qui ont détruit et submergé tant d'animaux privés de la
faculté de fuir le danger en s'élevant dans les airs pour se porter sur les points qui pouvaient leur offrir quelque sécurité,
quelque refuge au milieu des cataclysmes des premiers temps du
monde. La nature même de cette organisation, comme le fait
observer M. Pictet, peut avoir été une cause le plus souvent suffisante pour empêcher leur enfouissement, car leur pesanteur spécifique, moindre que celle de l'eau, a dû les faire surnager, et ils
ont pu devenir plus facilement la proie des poissons et des reptiles, moins exposés qu'eux aux effets des inondations.

Les premières traces fossiles laissées par les oiseaux sont des empreintes de pas observées dans les terrains anciens, sur le grès rouge
de la vallée du Connecticut. Ces empreintes, considérées comme représentant le moule des pattes d'échassiers et quelques-unes seulement comme faites par des pattes de palmipèdes, feraient con-
clure que la première apparition des oiseaux sur le globe remonte
à l'époque triasique. Il se présente néanmoins une difficulté qui
éveille des doutes sur l'existence des oiseaux à une époque aussi
reculée : c'est qu'ils ont dû vraisemblablement être plus nom-

breux à l'époque suivante, et qu'on n'en trouve aucune trace dans les terrains jurassiques. Mais, dit M. Pictet, quelle que soit l'opinion que l'on se forme sur le moment de la première apparition des oiseaux, leur existence à l'époque crétacée est incontestablement démontrée par des ossements qui ne peuvent laisser aucune incertitude, et il n'est plus permis de douter que les oiseaux n'aient déjà vécu pendant l'époque secondaire, et qu'ils n'aient par conséquent été contemporains des grands reptiles et des Ammonites. Cuvier a décrit plusieurs espèces fossiles de l'époque tertiaire, et d'autres savants en ont trouvé sur presque tous les continents. L'époque diluvienne est la plus riche de toutes, et quelques découvertes importantes ont été faites à la Nouvelle-Zélande, qui fournit des espèces fossiles voisines des Autruches, des Casoars et des Aptérix. Ces oiseaux ont été décrits par Owen, sous les noms de Dinornis, de Notornis et de Palapteryx, et ce célèbre paléontologiste anglais compte plusieurs espèces de chacun de ces types. Plus récemment, Isidore Geoffroy Saint-Hilaire a donné la description d'œufs fossiles de trente-deux centimètres de longueur et d'une capacité de près de neuf litres, appartenant à un oiseau gigantesque de Madagascar, l'Épyornis, dont la race est éteinte probablement depuis peu.

D'après les recherches d'un grand nombre de paléontologistes, tous les ordres et même quelques grandes familles établies aujourd'hui sur les espèces vivantes, ont des représentants fossiles dans les dépôts diluviens anciens et modernes de tous les pays. Ces quelques mots sur les espèces fossiles parmi les oiseaux suffisent pour donner l'idée des connaissances sur ce sujet, et nous conduisent naturellement à parler de la dispersion des oiseaux à la surface du globe et de leur distribution géographique.

Le type zoologique est, on le sait, représenté dans toutes les parties du globe ; pas une n'en a été déshéritée, et ne pouvait l'être, puisque c'est une des conditions de l'équilibre et de l'harmonie

qui ont présidé aux lois de la création. Mais ce type a subi, moins
en raison de ces contrées par elles-mêmes qu'en raison de leurs

Fig. 517. — Indopic sphololophe.

conditions de climature et de latitude, des modifications sensibles,
quand il n'est pas resté spécial à la contrée qui le produit. Il en

a été ainsi de la classe des oiseaux; et c'est à leur égard que la question de la distribution géographique à la surface du globe prend un intérêt tout particulier.

On conçoit en effet qu'organisés essentiellement, ou accessoirement selon les ordres auxquels ils appartiennent, pour la locomotion aérienne, la limite d'habitat des divers genres ou espèces soit plus difficile à établir et à fixer. Car tout ne se borne pas pour eux uniquement à des lignes ou zones isothermes; il faut tenir compte, indépendamment des climats et des latitudes, des étendues d'eau qui séparent les continents, et aussi des montagnes qui les coupent et les divisent.

Fig. 518. — Canard Eider, variété.

Disons d'abord qu'en général les animaux qui n'ont aucun moyen de quitter le sol sont fatalement soumis à des limites géographiques, mais que ceux que nul obstacle n'arrête y sont peut-être plus soumis encore. Ainsi les oiseaux les plus aptes au vol et les plus habiles nageurs se trouvent exclusivement confinés aux pôles; et, si nous recherchons les types spécialement propres soit à chacun des grands continents, soit à chacun des espaces

que l'on est convenu d'appeler les centres de création, voici ce
que nous voyons.

Fig. 519. — Geai.

L'Europe n'a aucun oiseau qui lui soit exclusivement particulier, ce qui tient probablement à sa position intermédiaire entre

Fig. 520. — Pie.

la partie boréale de l'Asie et celle de l'Amérique, avec lesquelles
elle est en communication presque continue.

Il n'en est plus ainsi des autres continents : en Asie, apparaissent les Paons, les Faisans et les Lophophores, les plus riches et les plus brillants des gallinacés ; en Afrique, de curieux types uniques, parmi les oiseaux de proie, le Messager ou Serpentaire ;

Fig. 521. — Lophophore resplendissant.

les Musophages parmi les zygodactyles ; et, parmi les gralles, l'Ombrette et le Balæniceps. L'Amérique, ce continent multiple qui embrasse presque la moitié de la terre, est celui qui renferme le plus grand nombre de types : ainsi, le Condor et le Vautour-Papa ; le Stéatornis-Guacharo ; la riche famille des Oiseaux-mouches, dont on connait aujourd'hui près de quatre cents espèces· celles des Rupicoles et des Manakins, celles des Toucans et des Anis ; celles des Motmots et des Jacamars ; celle plus modeste et si curieuse des Picucules; la belle famille des Tangaras; celle des Géospizes; les Gymnocéphales et les Céphaloptères, ces corbeaux si remarquables par leur plumage. Parmi les gallinacés, les Tinamous, représentants des Outardes de l'ancien continent; parmi les gralles, enfin, le Cariama, représentant du Messager africain; les Kamichis et les Chionis, ces derniers moitié riverains et moitié aquatiques.

Dans l'île de Madagascar, ce centre de création malheureusement encore si peu connu, mais qui commence à nous ouvrir ses ports, on trouve le Vouroudriou, les Philépittes, la Falculie, le Brachyptérolle, etc.

Il est remarquable, en effet, que cette île immense, placée entre Maurice et l'Afrique australe, et peu éloignée de ce vaste continent, ait une faune toute différente. Presque tous ceux de ses oiseaux qui, pourvus d'ailes courtes ou même médiocres, n'ont pu se répandre à de grandes distances, ne se retrouvent sur aucune autre terre; et si, comme l'a dit Isidore Geoffroy Saint-Hilaire, l'on avait à classer l'île de Madagascar d'après ses productions ornithologiques, et sans tenir compte de son étendue et de sa situation géographique, on devrait ne voir en elle, ni une île asiatique, ni une île africaine, mais bien une terre isolée et presque un autre continent, qui diffère comme faune, beaucoup plus de l'Afrique, dont il est voisin, que de l'Inde, dont il est séparé par une distance considérable.

En Océanie, ou plutôt en Papouasie, se trouvent les incomparables Paradisiers; et à la Nouvelle-Calédonie les types curieux et uniques du Goliath, parmi les colombidés, et, parmi les échassiers, du Rhynochéros, que nous avons fait connaître avec J. Verreaux, et pour lequel nous avons dû établir un genre. La Nouvelle-Calédonie mérite même une attention particulière; elle est aussi remarquable, comme centre de création dans ses petites proportions, si on la compare à Madagascar, que l'est celle-ci relativement aux autres parties du monde. Ainsi, à l'époque où nous abordions l'étude de ses productions, nous nous sommes demandé si elle n'aurait pas, par sa faune, un caractère presque exclusif,

Fig. 322. — Carpophage Goliath.

comme cela a lieu pour les autres centres de création que nous venons de citer ; ou si elle n'aurait pas des points de contact saisissables avec d'autres centres, tels que la Nouvelle-Hollande, l'archipel de la Sonde ou l'archipel Polynésien.

Les nombreuses espèces d'oiseaux dont nous devons la connaissance et la communication aux voyages de MM. Aubry-Lecomte et Deplanche n'ont pas tardé à nous édifier sur ce point. Il résulte en effet jusqu'à présent de nos études sur cette nouvelle colonie française que sur quatre-vingt-deux espèces d'oiseaux, qui en ont

été rapportées et qui ont passé sous nos yeux, quarante-six sont
exclusivement propres à cette île; dix-neuf lui sont communes
avec la Nouvelle-Hollande, dont une avec la terre de Van-Diémen;
et seize seulement se retrouvent dans la Polynésie proprement
dite, en y comprenant la Nouvelle-Guinée.

La conclusion à tirer de cette comparaison, c'est que la faune
ornithologique de la Nouvelle-Calédonie est loin de se comporter,
ainsi qu'on aurait pu le supposer, comme sa flore, et qu'au lieu
de se rapprocher, comme celle-ci, beaucoup plus de l'Australie
orientale et tropicale que des archipels océaniens, elle se tient à
une distance presque égale de l'une et des autres, et offre un
caractère et une homogénéité qui lui sont propres et que confir-
meront sans doute les découvertes ornithologiques à faire encore
dans ce centre nouveau, si restreint et si singulier de création,
passé jusqu'à présent inaperçu.

Enfin, à la Nouvelle-Hollande, en y comprenant la Tasmanie,
on rencontre les types si rares du Philesturne, du Glaucope,
du Néomorphe, du Strigops, du Scythrops, du Ménure ou Lyre,
du Néothornis, cet oiseau qu'on ne connut d'abord qu'à l'état
fossile et qu'on découvrit ensuite à l'état vivant; et, parmi les
anomaux, les Aptéryx, ces géants des Gralles vermivores.

Il est curieux de voir, d'après cet aperçu, qu'en comparant
l'importance et l'étendue des continents, ce soit le plus petit
et le plus vierge encore, Madagascar, qui fournisse le plus
grand nombre relatif de types spéciaux, c'est-à-dire sans analogie avec aucun autre.

Maintenant, si nous examinons la répartition des diverses
familles ou divers genres communs à plusieurs continents, nous
remarquerons qu'une des familles les plus nettement tranchées
de toute la classe des oiseaux, celle que caractérisent le mieux
des formes spéciales et des attributs propres, est celle des Perroquets, très-riche en genres, plus riche encore en espèces variées

de toute taille et de toutes couleurs. Cette famille, dont les espèces se comptent par centaines, habite également l'Asie, l'Océanie, l'Afrique, l'Amérique, et la Nouvelle-Hollande : L'Europe
seule en est privée. Les oiseaux de proie diurnes, nocturnes et
crépusculaires, se retrouvent partout et à toutes les latitudes. Il en

Fig. 525. — Perruche mélanure.

est de même des Engoulevents, cependant avec des modifications
diverses, dont la plus importante est celle qui constitue les mon-

27.

strueux Podarges propres à la Papouasie et à l'Australie. L'Europe cependant n'en possède que deux espèces. Le type des Hiron-

Fig. 524. — Perruche ondulée.

delles est partout uniforme. Parmi les zygodactyles, les Coucous diversement caractérisés existent également partout en grand nombre, excepté en Europe, où l'on n'en compte que deux espèces. Mais les Coucals ne se rencontrent que dans la Malaisie et l'Afrique. La nombreuse famille des Pics a aussi des représentants dans toutes les parties du monde, à l'exception de l'Australie. Les Barbus se trouvent en Asie, en Afrique et en Amérique. Les Couroucous, découverts d'abord dans les régions chaudes de l'Amérique, ont été retrouvés ensuite dans les îles de la Sonde et à l'extrémité australe de l'Afrique, jusqu'au cap de Bonne-

Espérance. Les Calaos, ces oiseaux au bec monstrueux, sont res-
treints à l'Asie, aux îles de la Sonde et à l'Afrique. Les Guêpiers
sont exclusivement de l'ancien continent, surtout de l'Afrique et
de l'Asie; l'Europe n'en comptant que deux espèces. Les Martins-
pêcheurs, qui constituent une famille naturelle composée de
groupes distincts, ont envoyé des colonies sur les bords de toutes
les eaux douces du monde, dans les zones chaudes et tempérées;
et cependant une seule espèce les représente en 'Europe. Les
Souï-Mangas, représentants de fort loin, puisque leur type est
uniforme, des Oiseaux-Mouches d'Amérique, sont communs à
l'Asie et à l'Afrique. Les Corbeaux, les Pies et les Geais sont ré-
partis partout. Les Rolliers sont les mêmes en Europe, où une
seule espèce les représente, en Asie et en Afrique. Les Langrayens
ou Ocyptères, sorte de Pies-grièches qui rappellent la forme des
Hirondelles, et qui vivent d'insectes sur les côtes boisées des terres

Fig. 325. — Chloropic minium.

situées sous l'équateur, n'ont encore été rencontrés qu'en Asie,
en Océanie et en Australie. Les Brèves, si éclatants de couleurs,

appartiennent en commun à l'Asie, aux îles de la Sonde et à l'Afrique. Il en est de même des Martins, dont un représentant

Fig. 326. — Colombe à couronne pourprée.

cependant se trouve en Europe. De même que les Alouettes, les Fauvettes sont de toutes les contrées. Il en est ainsi des Gros-Becs, ainsi des Pigeons, dont les plus riches de plumage n'existent cependant que dans toute l'Océanie.

Les Mégapodes, ce type si curieux par ses mœurs, sont de la Malaisie et de l'Australie. Les Autruches sont communes à l'Afrique et à l'Amérique seulement. Les Casoars sont partagés entre l'Asie, dans les îles de la Sonde, et l'Australie. Les Gallinacés sont de toutes les régions, excepté les Tétras, qui n'ont aucuns représentants en Australie. Parmi les échassiers, les Outardes sont de l'ancien continent, et communes à l'Europe, qui n'en a que deux types, à l'Afrique, qui en offre le plus grand nombre, et à l'Asie. Mais les Hérons, les Vanneaux, les Pluviers, se retrouvent en Amérique et en Australie.

Fig. 527. — Mégapode de Cuming.

Les oiseaux d'eau ou palmipèdes, sauf quelques espèces exclusivement propres à chacun des continents, sont cosmopolites.

S'il est remarquable, d'après ce qui précède, que l'Europe n'ait aucun type ornithologique qui lui soit réellement propre, il est aussi facile de se rendre compte et de cette pauvreté et de l'absence de tout plumage brillant dans cette partie de l'ancien monde. On ne peut nier que la puissance de la chaleur, tout autant et beaucoup plus encore que celle de la lumière, ne joue, ainsi que nous l'avons déjà dit, le principal rôle pour le développement des couleurs éclatantes. Il suffit de reconnaître la situation de

322 DIXIÈME LEÇON.

l'Europe en latitude pour s'expliquer cette absence. Ainsi ce continent, dans ses points ou saillies extrêmes, au sud, descend à peine vers le 55e degré de latitude au-dessus du tropique du Cancer, ou dans l'intervalle occupé par la partie septentrionale de l'Afrique, entre ce tropique et le point extrême de l'Europe; les formes spécifiques restent les mêmes pour l'une comme pour l'autre de ces deux parties du monde. Ce n'est donc qu'à compter de ce tropique que commence le changement de formes et de couleurs, si général dans tout le globe, en Afrique, aux Indes, ou en Asie, en Amérique, pour se concentrer partout entre ce tropique et celui du Capricorne. L'écliptique même ne change rien à cet état de choses; car il traverse obliquement toute cette région sans en sortir. On est donc fondé à soutenir,

Fig. 528. — Toucan à gorge jaune, d'après Gould

et la proposition est incontestable, que c'est à l'action de la chaleur vivifiante et concentrée sur tout le parcours de la ligne équa-

toriale qu'est due cette exubérance et cette riche profusion de la
nature dans tous les règnes.

Fig. 529. — Oiseau-mouche Sapho.

Une autre considération vient encore à l'appui de ce que nous
avançons ici. L'observation, comme les chiffres, démontre d'une
manière évidente que le nombre des espèces et des genres
ornithologiques est en proportion inverse de la population et en
proportion directe des espaces du globe occupés par les forêts, les

eaux et les marécages. La population, ce signe constant, sinon
de l'amélioration de la race humaine, du moins de sa civilisation,
est effectivement plus agglomérée en Europe, en Asie, au nord
de l'Afrique et dans l'Amérique septentrionale, que nulle part
ailleurs. De là le nombre restreint de leurs types spécifiques.
Voyons, au contraire, la Malaisie, l'Océanie, la Polynésie et le vaste
continent de l'Amérique du Sud : quelle surabondance de vie
dans le règne animal seulement ! quelle multiplication des
formes, quel luxe et quelles merveilles dans la parure des animaux !

Fig. 550. — Perruche splendide.

Ce qui fournit, à notre sens, une des preuves les plus mani-
festes que l'oiseau, puisque nous ne nous occupons que de lui,
n'existe partout que comme auxiliaire utile, actif et puissant de

Fig. 551. — Dronte, espèce éteinte de l'île de France.

la nature, c'est que là où elle n'a plus besoin de son concours il se retire et disparaît. Ainsi s'expliquerait, selon nous, la disparition de types qui ne se retrouvent plus qu'à l'état fossile, et ne représentent que des rapports assez éloignés avec les types vivants : c'est que le but pour lequel ils avaient été créés a été atteint; en un mot, qu'ils n'avaient plus aucune raison d'être, par cela même qu'ils n'avaient plus de rôle à remplir.

Afin de mieux faire apprécier la valeur de ces divers aperçus et de les rendre plus frappants, nous les réduirons en chiffres. Sur plus de 8,000 espèces admises par la science, l'Amérique en possède à elle seule en propre, et ne se retrouvant nulle part ailleurs, 2,560 environ; elle en a en commun avec divers autres continents, 719 ; maintenant, sur ces 8,000 espèces, 2,127 sont cosmopolites ou peuvent se trouver indifféremment partout. On voit que nous n'avons rien exagéré, et que, tout compte fait, le continent américain peut fournir presque la moitié du nombre total des espèces ornithologiques.

Enfin, quant aux divers centres de création zoologique dont nous avons parlé, il y en a trois bien remarquables : 1° l'Amérique, pour les Perroquets, puisque sur trois cents espèces environ elle en nourrit cent vingt-cinq, plus du tiers; 2° l'Océanie, pour les Colombes ou Pigeons, puisque nulle part on n'en rencontre davantage ni de plus richement teintés; 3° l'Asie, pour les Gallinacés, puisqu'elle en possède presque les deux tiers.

Ces données sont si positives, que, lorsqu'on examine une espèce nouvelle d'un de ces trois ordres et que les renseignements sur son origine sont incertains, l'esprit de l'observateur se porte tout naturellement sur l'une des parties du monde que nous venons d'indiquer.

Quoi qu'il en soit, ces connaissances générales admises, on a été nécessairement conduit à l'idée de l'établissement de groupes ou genres en rapport avec la distribution géographique des oiseaux : car, à quelques exceptions près, chaque type spécifique a subi, d'une contrée à l'autre, même à latitude égale, des modifications

Fig. 552. — Aras bleu et rouge.

plus ou moins caractéristiques dont la science a dû tenir compte.
Pouvait-il en être autrement en présence de formes ou de caractères nouveaux qui semblent dépendre des latitudes mêmes?
On comprend dès lors la nécessité démontrée de la connaissance
exacte des localités qui les produisent ; et plus cette connaissance
s'est répandue et s'est montrée précise, plus l'ornithologie a fait
de progrès. Les sciences naturelles doivent donc le degré d'exac-
titude qu'elles ont atteint de nos jours aux voyages de découvertes, et, avant tout, aux renseignements certains sur la prove-
nance des espèces : ces renseignements sur l'ensemble de la classe
des oiseaux ont en effet permis d'établir une classification métho-
dique plus naturelle, que nous exposerons bientôt.

Fig. 555.   Plectroptère de Ruppel

ONZIÈME LEÇON

Migrations.

Parmi les phénomènes variés que nous présente la nature, les voyages annuels des oiseaux sont sans contredit des plus curieux, et ils ont de tout temps mérité l'attention des naturalistes. Toute la surface du globe est le théâtre de ces migrations, et les causes qui les déterminent sont probablement multiples ; mais la plus puissante ne se trouve pas dans les changements atmosphériques agissant sur la sensibilité si remarquable de ces animaux, ni dans les besoins de l'alimentation. Organisés, par-dessus tout, pour la locomotion aérienne, et par conséquent pour une existence constamment mobile, quelles que soient les habitudes terrestres de chacun d'eux, les oiseaux ne pouvaient tous être fixés au sol qui les a vus naître : aussi distingue-t on parmi les groupes nombreux qu'ils forment des espèces *sédentaires*, des espèces *erratiques*, et des *oiseaux* dits *de passage* ou *migrateurs*.

Nous ne parlerons pas ici de l'apparition tout accidentelle de bandes plus ou moins nombreuses d'oiseaux jetées sur nos

28

côtes par les tempêtes. Ces arrivages, aussi imprévus que la cause
qui les occasionne, sont indépendants de la volonté de l'oiseau, et
son instinct, mis en défaut par la soudaineté et la violence d'un
ouragan, ne le sert que pour chercher forcément un refuge, un
asile passager qui le mette à l'abri du danger. Dans ce cas l'asile
est la côte la plus voisine, voire même les mâts et le pont d'un
navire, comme nous pourrions en citer de nombreux exemples.
Nous n'avons à nous occuper que des voyages ou migrations en-
trepris avec toute liberté d'action.

Les oiseaux sédentaires sont ceux qui ne s'éloignent du pays
où ils sont nés qu'à des distances très-bornées, et passent leur vie
entière dans la même grande contrée. Ils s'éloignent de proche
en proche, mais ils demeurent comme confinés dans les limites
de la région dont la température et les ressources alimentaires
suffisent à leurs besoins. Parvenus à ces limites, l'instinct les
arrête et les fait même rétrograder un peu pour se soustraire à
l'influence de conditions nouvelles. Les oiseaux qui procèdent
ainsi appartiennent à un petit nombre d'espèces, parmi lesquelles
nous citerons, pour la France, le Rouge-Gorge, la Fauvette traîne-
buisson, le Troglodyte, etc.

D'autres oiseaux, plus fortement constitués que les premiers,
trouvant partout une température et les aliments qui leur conviennent, n'adoptent point de patrie, ne se fixent nulle part; vont en
avant, et continuent leur route, selon qu'ils y sont déterminés
par l'abondance ou la disette; retournent également sur leurs pas,
suivant les circonstances, mais, parvenus au point d'où ils étaient
partis, ils tournent d'un autre côté, ou reprennent indifféremment la route qu'ils avaient suivie une première fois : ils ne s'arrêtent que pour multiplier, et ne se fixent que le temps nécessaire pour élever leur famille. Aussitôt qu'elle est en état, les
petits se séparent et se répandent chacun de leur côté. Ces oiseaux, que cette existence vagabonde a fait désigner sous le nom

d'erratiques, pénètrent dans tous les pays et dans tous les climats, parce qu'ils y sont également bien ; on les voit partout, parce que les père et mère, cheminant chaque jour en avant,

Fig. 351. — Colombe émigrante, d'après Audubon.

s'éloignent à des distances souvent très-grandes du lieu d'où ils sont partis, et que, s'arrêtant indifféremment dans diverses régions pour établir leurs nids, quand la nature leur en fait éprouver le besoin, les petits se trouvent dispersés sur un grand nombre de points, qu'ils quittent eux-mêmes avec la plus grande

facilité. Mais, à la différence des vieux, qui voyagent presque iso-
lément, les jeunes se réunissent régulièrement pour ces changements de lieux et se séparent tout à fait des adultes; ce qui
explique ce fait, qui a longtemps paru singulier, que, dans telle
contrée, comme l'a dit Temminck, on ne tue que des jeunes,
tandis que, dans d'autres, les individus adultes sont seuls observés, et jamais les jeunes. Ainsi, en hiver, on voit beaucoup
d'Eiders et plusieurs autres espèces de Canards sur les lacs de la
Suisse; mais ce ne sont que des jeunes : les vieux suivent le bord
de la mer et ne pénètrent que rarement dans l'intérieur du continent. Il n'y a pas un seul exemple d'un Eider adulte pris en
Suisse. L'Orfraie se répand en hiver dans toute l'Allemagne,
mais ce ne sont que de jeunes individus, faciles à reconnaître à
leur queue tachetée de noir. Les vieux sont, au contraire, très-
communs sur les côtes de la Baltique. Il en est de même des Plongeons à gorge rouge, dont les jeunes se voient communément
sur les lacs et les rivières d'Allemagne, tandis qu'il est extrêmement rare d'y trouver un adulte. Il résulte de là qu'on peut dire
que beaucoup d'oiseaux doivent faire dans leur première année
un voyage qu'ils ne feront plus de leur vie. On compte au nombre
des oiseaux erratiques, dans nos contrées : les Linots, les Pinsons,
les Tarins, les Sizerins, les Bruants, les Alouettes, les Pipits, les
Merles, les Draines, les Pluviers, les Vanneaux, les Chevaliers, etc.
Les Merles, après avoir erré pendant l'été sur tout le continent,
se réfugient, en hiver, dans les îles de la Méditerranée, où ils
semblent se donner rendez-vous; c'est ainsi qu'on en voit un
grand nombre en Corse et en Sardaigne, où ils trouvent une nourriture abondante et de leur goût, et où on leur fait une chasse
très-productive.

   Nous venons de dire qu'il est très-rare de voir les jeunes de l'année et les vieux exécuter, de concert et en commun, leur voyage
plus ou moins long, selon que la nécessité les décide à se mettre

en route. Temminck trouvait la raison de cette séparation des membres de la famille, et de la réunion en bandes des âges plus ou moins assortis ou égaux, dans une cause bien naturelle, produite par la différence de l'époque de la mue des vieux et des jeunes ; ce qui expliquerait aussi pourquoi les bandes composées d'individus adultes vont bien plus loin dans leur migration, en automne, ou bien à leur retour au printemps, que les bandes composées des jeunes, qui, soit dans l'une ou dans l'autre saison, ne

Fig. 335. — Canard Eider adulte, d'après Gould.

s'éloignent pas autant. L'apparition irrégulière et en tout temps des oiseaux que nous venons de citer, sans parler de beaucoup d'autres, ne permet pas qu'on les range parmi les oiseaux de passage, et leur rencontre dans tous les pays oblige à supposer que leurs espèces se sont étendues de proche en proche, ou que les individus passent eux-mêmes leur vie à errer et à voyager, à l'exception du temps de la reproduction. Leur manière de vivre rend plus probable cette dernière supposition, qui peut également expliquer comment des individus de la même espèce se

trouvent dans tous les pays : car, si on les y voyait parce qu'elles
se sont étendues de proche en proche, une fois qu'on les aurait
découvertes, on pourrait les observer et les retrouver constamment dans une certaine latitude; tandis que les oiseaux erratiques paraissent inopinément, demeurent quelque temps aux
environs du même lieu, disparaissent inopinément aussi, et l'on
est quelquefois longtemps sans les revoir.

Les oiseaux réellement migrateurs, ou de passage, sont ceux
qui entreprennent de longs voyages dont nous ignorons souvent
les points de départ. Les uns arrivent dans nos contrées au printemps et ils partent à l'automne ; les autres, au contraire, viennent dans les pays tempérés à l'approche de l'hiver, et les quittent lorsque le froid cesse de se faire sentir.

L'histoire des oiseaux de passage ou *migrateurs* est, à l'heure
qu'il est, plus avancée qu'on ne pense, et l'explication de leurs
voyages beaucoup mieux assise qu'elle ne l'était encore au commencement de ce siècle.

Les émigrations sont généralement le résultat d'un besoin qui
porte certains oiseaux à se transporter, en automne, du nord au
midi, et, au printemps, du midi au nord. Cette première observation semble indiquer qu'ils craignent le froid à l'approche de
l'hiver, et la chaleur au retour du printemps. Mais, si l'on fait
attention au genre de nourriture qui leur convient, aux besoins
qu'exige l'éducation des petits, on sera porté à croire que les extrêmes de la température ne sont pas les seules causes qui déterminent beaucoup d'espèces à changer de lieu à l'automne; ces
causes sont multiples, comme nous allons le voir.

Les naturalistes sont loin d'être d'accord sur les causes déterminantes des migrations, aussi ont-elles donné lieu à de nombreuses suppositions plus ou moins fondées. Presque toutes ces
suppositions, dit un observateur sérieux, M. Brehm, sont plus
faciles à réfuter qu'il n'est facile de leur en substituer une qui

soit satisfaisante sous tous les rapports. La question est assez inté-
ressante pour que nous rappelions et discutions les diverses
opinions proposées. Parmi les causes déterminantes des migrations des oiseaux, on a placé en première ligne le changement de
saison, la différence de température et les besoins de l'alimentation qui en sont les conséquences naturelles. On a dit que les
grandes pluies qui tombent pendant plusieurs mois dans les régions voisines de l'équateur, ou que la grande chaleur qui, dans
les mêmes régions, produit la sécheresse et brûle les végétaux,
devaient être rangées parmi les causes les plus importantes.
Quelques naturalistes ont pensé que les changements qui survien-
nent aux temps des équinoxes avaient une grosse influence, parce
que, les nuits devenant trop longues, les oiseaux éprouvaient,
chaque matin, de très-bonne heure, le besoin de manger sans
pouvoir le satisfaire assez tôt. D'autres ont trouvé la cause des
migrations dans la prévision des modifications de toutes sortes
qui vont survenir dans leur existence. Il en est qui ont pensé
qu'après avoir fait dans nos climats une ou deux pontes, les oiseaux se dirigeaient à l'instant vers des régions plus chaudes pour
pouvoir élever encore une ou deux couvées. D'autres enfin ont
considéré la sensibilité exquise des oiseaux à l'approche de la
mue comme la cause la plus réelle de leurs voyages.

Examinons maintenant la valeur de chacune de ces opinions,
qui toutes peuvent être fondées en les appliquant chacune à certaines espèces, mais dont l'application générale nous paraît difficile. Nous aimons mieux rapporter le besoin de changer de
climat qu'éprouvent les oiseaux à l'effet d'une loi d'harmonie à
laquelle ils sont soumis, à laquelle ils ne peuvent se soustraire et
dont l'effet se confond avec les autres facultés dont l'ensemble
constitue ce que nous appelons l'instinct des animaux. Il ne faut
pas en effet que l'imagination, souvent trop prompte, de certains
auteurs cherche à deviner la cause des migrations, il faut au

contraire la découvrir en rassemblant des faits, et c'est ce que nous nous proposons de faire.

Si nous passons en revue toutes les opinions que nous venons d'exposer, nous voyons qu'elles sont toutes des conséquences du changement de saison, qui cependant ne suffit pas dans tous les cas pour expliquer le départ et l'arrivée des oiseaux migrateurs. Car, ainsi que le fait observer M. Brehm, d'après des observations faites au centre de l'Europe, beaucoup d'oiseaux partent quand le temps est encore bien beau, et d'autres arrivent souvent alors que la saison est encore mauvaise. Les influences atmosphériques peuvent tout au plus, selon lui, accélérer la migration en automne et la retarder ou la déranger au printemps. Les Bergeronnettes jaunes ou grises arrivent quelquefois lorsqu'il y a encore de la neige. Audubon a constaté, après plusieurs années d'examen et d'observations répétées, que les oiseaux migrateurs qui s'éloignaient le plus des États-Unis partaient plus tôt que ceux qui se rendaient seulement sur leurs confins. Il a remarqué que l'Hirondelle verte de Wilson, connue à la basse Louisiane sous le nom de petit Martinet à ventre blanc, demeurait dans les environs de la Nouvelle-Orléans bien plus tard qu'aucune autre espèce; il tint un journal soigné, d'après lequel il résulte qu'au plus fort de l'hiver les Hirondelles n'abandonnent point cette partie de l'Amérique, quoique la glace y atteigne une certaine épaisseur. Plusieurs de ces oiseaux se retirent dans les ouvertures des maisons; un plus grand nombre fréquentent le bord des lacs, et s'accrochent, pendant la nuit, aux branches du cirier, *myrica cerifera*. Il ajoute que la chair de ces oiseaux est très-estimée et que les marchés en sont alors abondamment fournis.

Les observations de M. Blackwal, de Manchester, sur les oiseaux qui émigrent dans le Lancashire, prouvent que la température générale est considérablement plus élevée lorsque les oiseaux d'été partent que lorsqu'ils arrivent; et les oiseaux d'hiver quittent le même pays par une température plus basse que celle que présente l'époque de leur arrivée. Cette observation conduit l'auteur à penser que ce n'est pas le besoin d'une température plus chaude qui détermine le départ des oiseaux d'été, ni le manque de nourriture, puisqu'au moment de leur émigration les insectes et les grains ou les fruits sont plus abondants qu'à l'époque de leur arrivée. Il croit aussi que ce changement de lieu est déterminé par l'approche de la mue, opération qui ne s'effectue sans danger pour les oiseaux que sous une température élevée, nécessaire pour faciliter la sécrétion de la matière dont les plumes sont formées. Il appuie cette opinion sur plusieurs observations qui lui sont propres, et entre autres sur ce que les oiseaux de passage d'été ne muent point, suivant lui, dans le lieu où ils passent cette saison. Il a reconnu, par exemple, que le Coucou et le Martinet sont dans ce cas, et il les cite de préférence parce qu'ils partent de très-bonne heure : le Coucou dès la fin de juin ou le commencement de juillet, et le Martinet vers le milieu d'août. Il attribue aussi le prompt départ de ces deux oiseaux à ce que le travail de la ponte, qui précède la mue, est bientôt terminé pour eux, le Coucou ne couvant pas et le Martinet n'ayant qu'une couvée par an, tandis que les Hirondelles en ont deux.

D'après d'autres observations scrupuleuses faites dans le Warwickshire, point central de la Grande-Bretagne, par M. Brée, pendant vingt-huit ans, de 1800 à 1828, l'hirondelle de cheminée est arrivée du 3 au 25 avril et est partie du 9 octobre au 9 novembre. L'Hirondelle de fenêtre s'est montrée du 5 avril au 1er mai et a disparu du 11 octobre au 14 novembre. L'Hirondelle de rivage est arrivée du 31 mars au 27 avril, mais on n'a jamais pu constater l'époque du départ, qui ne s'est pas effectué par bandes. Enfin le Martinet noir a paru du 27 avril au 15 mai et il est parti du 9 août au 15 septembre. Les mêmes observations, faites en Suède par M. Ekstroem, donnent, pour l'annéc 1827 seulement, les résultats suivants, que nous mettons en regard de ceux obtenus la même année par M. Brée, en Angleterre.

	SUÈDE.		ANGLETERRE.	
	Arrivée.	Départ.	Arrivée.	Départ.
Hirondelle de cheminée.	6 mai.	14 septemb.	19 avril.	11 octobre.
Hirondelle de fenêtre. .	11 »	5 »	28 »	7 novemb.
Hirondelle de rivage. . .	18 »	? »	27 »	? »
Martinet noir.	17 »	1ᵉʳ »	30 »	15 août.

Ce petit tableau permet de voir que ces oiseaux arrivent beaucoup plus tôt en Angleterre qu'en Suède et qu'ils quittent aussi plus tard l'Angleterre que la Suède, à l'exception du Martinet.

L'illustre médecin auquel on doit la découverte de la vaccine, Édouard Jenner, a laissé dans ses papiers un Mémoire intéressant sur les migrations des oiseaux. Ce Mémoire a été publié en Angleterre. Ce n'est point une histoire générale des voyages de ces animaux, mais seulement un exposé de ses idées sur la cause qui détermine quelques espèces à quitter nos climats à certaines époques de l'année. Émerveillé de voir des Pigeons qui, transportés pendant la nuit à plusieurs milles de leurs pigeonniers et mis en liberté, reviennent immédiatement et sans hésitation à leur domicile, il a voulu se rendre compte de l'instinct qui les dirige. « Comment ces petits seigneurs de la création, dit-il, peuvent-ils retrouver si facilement leur tourelle? est-ce le regret du lieu qui les a vus naître? ont-ils des idées, des facultés supérieures à celles de l'homme placé dans la même situation? » Bientôt ses recherches se sont étendues à quelques autres oiseaux qui entreprennent spontanément de longs voyages. Il examine les diverses opinions émises sur la disparition de certaines espèces aux approches de l'hiver, et il les réfute les unes après les autres, tout en reconnaissant que quelques-unes des causes indiquées peuvent avoir une part dans la détermination que prennent les oiseaux:

mais la plus puissante, suivant lui, se trouve dans des modifications subies par l'appareil reproducteur. Le besoin de s'apparier
de nouveau arrivant lorsque la saison n'est plus favorable à la reproduction, les oiseaux sont poussés à rechercher des tempéra-
tures plus chaudes. Jenner tient compte aussi des difficultés de
l'alimentation, car il admire l'arrangement de la Providence dans
les rapports mutuels des créatures qui se servent de nourriture les
unes aux autres, de telle façon que les consommateurs arrivent

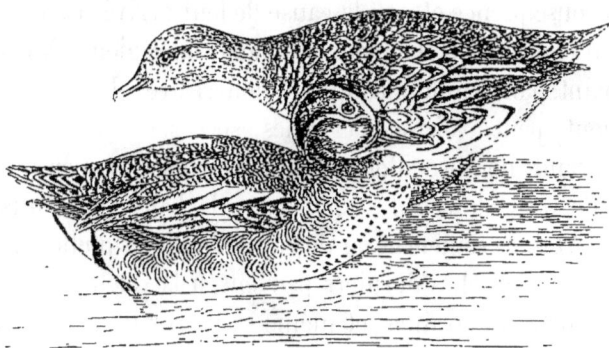

Fig. 556. — Petite Sarcelle Crecca, d'après Gould.

aux époques où pullulent tant de races superflues et parasites
d'insectes, de vermisseaux, de plantes, et nous apportent d'harmonieux concerts qui réjouissent les campagnes. Tel est l'ordre
divin qui forme entre les êtres une sage harmonie de rapports.

Les auteurs, et ils sont nombreux, qui trouvent la cause des
migrations dans le besoin de nourriture s'appuient sur des faits
très-vrais, sans doute, mais ils ont le tort de vouloir les appliquer
à toutes les espèces émigrantes. Ils disent avec raison que, lorsque
les nourritures diverses propres aux oiseaux se développent au
printemps par l'influence du soleil sur les végétaux et les insectes
dans nos climats, là se porte l'oiseau qui doit les consommer; il

s'enfuit en automne par la raison contraire. Les oiseaux du Nord arrivent alors sur nos côtes, riches en vermisseaux aquatiques, et fuient des climats qui leur refusent en hiver leur subsistance. Les migrations des poissons sont dues aux mêmes causes, ajoutent-ils, puisque les rivages des mers et des fleuves se remplissent, à des époques déterminées, d'herbes et d'animalcules qui les attirent. Ils s'en retournent quand ces lieux sont épuisés, ainsi que le font les Tartares et les Arabes nomades dans leurs vastes plaines. Que les oiseaux se livrent à leurs amours dans les lieux fertiles, c'est la conséquence et non la cause de leur arrivée et de l'alimentation abondante qu'ils trouvent dans ces régions. Nous allons voir maintenant l'influence que la nourriture, dans quelques cas seulement, peut avoir sur certaines espèces.

Un grand nombre d'oiseaux de passage se nourrissent d'insectes, de vers, de reptiles; plusieurs de baies, de fruits; d'autres de certaines semences ou de graines pour lesquelles ils ont un goût particulier. Les derniers peuvent, à la vérité, vivre de différentes sortes de graines, et même se passer de celles pour lesquelles ils ont une préférence; mais ce sont celles-là même qu'ils cherchent dans l'état de liberté; et le désir réuni à la facilité de satisfaire leur goût peut suffire pour les déterminer à quitter un lieu où ils ne trouvent plus l'aliment qui leur plaît pour le chercher dans un autre où il est abondant. Ceux qui vivent de fruits et d'insectes sont plus contraints dans leur changement de séjour. C'est pour eux un acte forcé, au lieu d'être volontaire comme pour les premiers. Aussi voit-on quelques-uns de ces omnivores rester tous les ans dans le pays, abandonné par le plus grand nombre des individus de l'espèce, tandis qu'il ne reste aucun de ceux qui ne vivent que de baies, de fruits ou d'insectes. On trouve quelquefois, en hiver, dans nos campagnes, des Cailles qui n'ont pas suivi leur espèce à son départ; mais personne n'a jamais dit avoir rencontré pendant la saison froide un Loriot, une

Huppe, une Hirondelle, ou, si l'on a observé quelquefois de ces oiseaux au commencement de l'hiver, on s'est aperçu qu'ils ont péri peu après leur apparition.

A mesure que les grains pour lesquels les oiseaux ont un goût de prédilection mûrissent et disparaissent en avançant du midi au nord, soit que l'homme les ait récoltés et mis à l'abri, soit que la maturité les ait répandus sur la terre, dans le sein de laquelle ils ont germé, les oiseaux dont ils excitent l'appétit suivent le développement de ces grains de contrées en contrées : c'est ainsi que procèdent les oiseaux de l'Amérique du Nord, nommés par Catesby *mangeurs de riz*, les Agripennes de Vieillot, espèce de Bruants voyageurs et véritablement erratiques. On en voit, au mois de septembre, des troupes nombreuses, ou plutôt on les entend passer la nuit, venant de l'île de Cuba, où le riz commence à durcir, et se rendant à la Caroline, où cette graine est encore tendre ; ils n'y restent que trois semaines, et continuent leur route vers le Nord, cherchant toujours des graines moins dures ; ils vont ainsi de stations en stations jusqu'au Canada. Le Perroquet de Levaillant, comme tous les Perroquets, vit en grandes bandes, en Afrique, et émigre du nord au sud et du sud au nord, deux fois l'année, de façon à se rapprocher de la ligne dans le temps des moussons pluvieuses, et à passer la belle saison, c'est-à-dire celle des chaleurs et celle où sa nourriture est plus abondante, dans les forêts des environs du Cap. Enfin les Perroquets de l'Amérique méridionale se rassemblent en troupes à la Guyane, dans les lieux où les graines qu'ils recherchent sont mûres et abondantes, et ils quittent ces stations quand les semences commencent à devenir rares, pour aller s'établir dans les endroits où les appelle la maturité d'autres semences de leur goût. C'est aussi ce que fait le Jaseur, qui ne fait pas non plus de voyages de long cours, mais seulement des tournées périodiques qui se renferment dans un cercle assez étroit, et s'étendent de l'Asie septentrionale à l'Europe orientale et quelquefois même occidentale.

Ces voyages, courts et bornés, ne méritent certainement pas le nom d'émigrations; mais ils permettent de supposer que le goût pour certaine nourriture de prédilection peut déterminer les oiseaux à passer d'un lieu dans un autre; et à plus forte raison si la vie dépend absolument de la rencontre de cette nourriture spéciale. Cette loi imposée par le besoin est surtout sensible pour les espèces qui vivent de fruits ou d'insectes. Ces deux sortes d'aliments disparaissent chaque année, sous les zones tempérées et froides, pendant une partie de l'année, tandis qu'on peut les retrouver dans d'autres régions.

Ainsi le Loriot, qui vit d'insectes à défaut des fruits qu'il aime de préférence, surtout ceux auxquels on donne le nom de fruits rouges, arrive en nos climats dans la saison qui précède la maturité de ces fruits; il travaille presque aussitôt à la propagation de son espèce; ses petits acquièrent de la force en peu de temps, et partent, ainsi que leurs parents, quand la saison des fruits qu'ils aiment est passée. On ignore encore en quels lieux ils se retirent, de même qu'on ne sait pas de quels pays ils sont venus.

Les plus remarquables parmi les oiseaux voyageurs sont, on le sait, les Hirondelles, les Cailles, les Grues, les Cigognes, les Hérons, les Oies, etc. Tous, à l'époque du départ, ont un lieu de réunion générale; tous partent en masse; presque tous observent une disposition régulière dans leur marche aérienne. Mais, en ce qui concerne les Oies et les Canards, les observations faites sur tous les points du globe, notamment celles faites par Audubon en Amérique, démontrent que les inondations même irrégulières, et le débordement périodique de certains fleuves, influent sur le moment de leur départ; et ce ne sont pas les seuls qui obéissent à cette loi de périodicité, puisqu'il faut y joindre l'Ibis, si constant à suivre la crue du Nil en Égypte.

Le docteur J. Francklin ne trouve pas que l'alimentation comme cause des migrations soit une raison plus satisfaisante que celles qui ont été données par d'autres auteurs, et il présente les objections suivantes. C'est surtout, dit-il, dans la classe

Fig. 357. — Ibis sacré.

des oiseaux qu'il est intéressant d'étudier les lois relatives à la distribution géographique des êtres créés. Tant qu'il s'agit seulement des quadrupèdes, on peut dire que les moyens bornés de leur locomotion les ont attachés à certaines parties du globe et ont marqué la limite des milieux qu'ils devaient parcourir. Bonne ou mauvaise, cette raison ne saurait, dans tous les cas, être applicable à l'oiseau ; l'Hirondelle, lancée dans l'air comme une flèche à raison de six milles par heure, semble se moquer de nos plus rapides vaisseaux. Mille petits oiseaux chétifs font au printemps et à l'automne des voyages dont un seul serait pour nous

l'occupation de toute une année. Des êtres si libéralement doués,
par la nature, de moyens de locomotion sembleraient avoir été
conformés pour être les citoyens universels du globe. Ils devraient, au moins, répandre leur race dans toutes les régions de
la terre qui leur fourniraient une nourriture et une température
convenables. En théorie, cela serait raisonnable à supposer; en
fait, c'est le contraire qui est vrai. Les oiseaux de proie, par
la force de leurs ailes, devraient jouir, parmi les autres oiseaux,
d'une liberté cosmopolite, et ils se trouvent, au contraire, en-
chaînés à des circonscriptions géographiques très-limitées. De huit
espèces de Faucons qui habitent l'Europe et le nord de l'Afrique,
deux seulement ont été trouvées dans le nouveau monde. L'Hirondelle pourrait gagner l'Amérique ou l'Asie en un temps aussi
court que celui qu'elle met à se rendre au centre de l'Afrique;
dans l'un et dans l'autre des deux continents elle trouverait
une nourriture et une chaleur qui conviendraient à ses goûts;
mais une main invisible a, pour ainsi dire, tracé au compas la
ligne qu'elle doit parcourir, et de cette direction-là l'Hirondelle
ne dévie point. Il faut bien qu'elle ait ses raisons pour agir ainsi;
mais quelles sont ces raisons, voilà ce qu'il est difficile de péné-
trer.

La température, le régime alimentaire, la physionomie des
lieux, ne sont certes point des causes qui expliquent d'une manière
satisfaisante, chez l'oiseau, cette prédilection pour certaines régions du globe. Il faut bien qu'il y ait autre chose. On n'a pu, en
effet, expliquer comment et pourquoi des êtres si bien pourvus de
la faculté du mouvement à grande distance se trouvent en même
temps confinés dans certaines limites géographiques, relativement étroites.

Si la loi qui met un frein à l'ubiquité inscrite, pour ainsi dire,
dans les organes locomoteurs de l'oiseau, nous échappe, il n'en
est pas moins curieux d'étudier le fait en lui-même. Les limites

dans lesquelles se trouve renfermée la présence de chaque être vivant à la surface du globe ont été fixées dès l'origine des choses. Il doit aller jusque-là, mais pas plus loin. L'homme a, cependant, changé cette loi à l'égard des animaux domestiques; il a remanié, étendu la distribution des oiseaux à la surface du globe. Cette diffusion tout artificielle des espèces utiles et cultivées par les différents peuples de la terre n'en rend que plus extraordinaire la localisation de ces mêmes espèces dans l'état de nature.

Mauduyt, Temminck, et plus récemment Brehm, sont, de tous les ornithologistes, ceux qui ont le mieux observé les migrations des oiseaux, et c'est à ces savants distingués qu'on doit les données les plus exactes que nous possédions sur ce sujet si intéressant, mais leurs conclusions sont incomplètes et peu satisfaisantes. Résumons leurs observations.

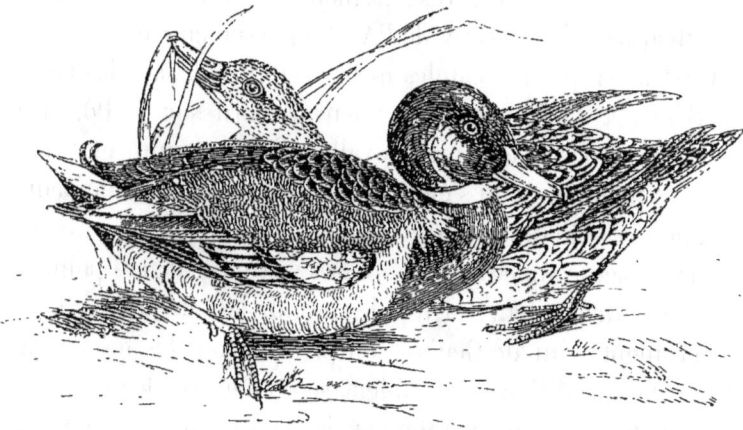

Fig. 558. — Canard sauvage commun ou col vert, d'après Gould.

Le plus grand nombre de nos grandes espèces d'oiseaux aquatiques choisissent pour se fixer, en hiver, les contrées situées au delà des mers qui séparent l'Europe de l'Afrique septentrionale.

C'est de ces contrées ou bien des nombreuses îles de l'Archipel, et de celles de la Méditerranée et du golfe de Venise, qu'ils opèrent leur retour au printemps. On voit alors des rassemblements nombreux sur toutes nos côtes méridionales, particulièrement sur celles où la mer forme de grands golfes, tels que le golfe Adriatique, ceux de Gênes et du Lion; ces rassemblements durent huit, dix, ou au plus quinze jours, temps où le passage est terminé pour ces contrées.

Les routes que suivent alors ces oiseaux en Europe sont celles indiquées par le cours des rivières et la direction des grands lacs : les eaux devant fournir à chaque espèce la nourriture qui lui convient, toutes semblent se trouver guidées par un instinct merveilleux, comme dit Temminck, et choisissent pour point de ralliement et de départ les endroits où le passage de la grande mer aux lacs et aux fleuves est le moins long et le moins coupé par des terres : la même observation a été faite par Audubon pour les oiseaux de l'Amérique septentrionale.

C'est ainsi que les bandes qui se réunissent dans les environs de Gênes et de Savonne se rendent d'abord sur le Pô, suivent ensuite les gorges des grandes vallées de l'Apennin, et franchissent ces montagnes ou s'élèvent au-dessus d'elles. Il ne peut rester aucun doute de leur passage sur ces monts élevés, car elles y laissent chaque année de nombreuses victimes. De ces points elles semblent diriger leur vol vers les grands lacs de la Suisse, particulièrement celui de Genève, où presque tous les oiseaux d'eau et de marais d'Europe semblent se donner rendez-vous; de là elles continuent leur voyage par les lacs de Morat, de Neufchâtel et de Bienne, pour se rendre au Rhin, dont elles suivent le cours, et parviennent ainsi à la Baltique et à la mer du Nord. Ces bandes, déjà moins nombreuses lorsqu'elles arrivent dans le Nord parce qu'elles ont été décimées pendant le voyage, se dispersent bientôt après leur arrivée, pour s'accoupler.

La route suivie par beaucoup d'oiseaux d'eau est le bord de la mer. Ceux qui viennent des côtes d'Afrique et du golfe de Gascogne paraissent ne fréquenter que le littoral; plusieurs espèces de Gralles la suivent également, et c'est encore la route que tiennent tous les oiseaux dépourvus de moyens puissants de vol. Les Plongeons, les Grèbes et autres oiseaux d'eau douce, qui volent peu, en temps ordinaire, sont cependant suffisamment doués pour une translation lointaine; leur vol est vigoureux et longtemps soutenu; ils s'élèvent même au-dessus des hautes montagnes, car il n'est pas rare de trouver des individus de ces espèces sur les lacs des Alpes, où l'on tue souvent des Gralles et des Palmipèdes.

Il paraît que les grands rassemblements qui ont lieu dans les îles Ioniennes et dans les vastes marais entre Venise et Trieste suivent, dans leur voyage, le cours du Tagliamento, pour se rendre aux lacs des environs de Villach et de Klagenfurt; ils visitent les immenses marais que forment les lacs Balaton et Neusiedel, où plusieurs espèces séjournent, tandis que d'autres remontent le Danube et poussent leur voyage jusqu'à la Baltique. On trouve sur les lacs de Hongrie et sur le Danube plusieurs espèces qui visitent aussi les côtes de l'Océan.

D'après les observations de Temminck, les espèces plus particulièrement propres aux contrées orientales se rassemblent dans l'archipel et sur les bords de la mer Noire; elles remontent le Danube et se rendent, en suivant le cours de ce fleuve, en Hongrie et en Autriche.

Après avoir fait connaître le résultat des observations de plusieurs savants naturalistes, voyons ce que dit M. Brehm, qui n'a pas non plus tranché la question, mais qui l'a considérablement éclairée.

Chaque oiseau, dit-il, a sa patrie et son pays natal; là il se reproduit librement; là il séjourne une partie de l'année;

l'autre partie est consacrée aux voyages. Mais les uns ont une
patrie fixe, constante, c'est-à-dire qu'ils reviennent toujours dans
la même contrée pour se reproduire, tandis que d'autres mènent
une existence vagabonde, comme nous l'avons déjà dit, et choisissent chaque année, selon les circonstances, telle ou telle contrée pour élever leur progéniture. Le temps que les oiseaux
passent dans la contrée vers laquelle ils ont dirigé leur vol varie
beaucoup; ainsi le Loriot ne reste dans le milieu de l'Europe que
trois mois, temps strictement nécessaire pour l'accouplement, la
construction du nid, la ponte, l'incubation et l'éducation des
petits. Ceux qui retournent tous les ans dans la même contrée
paraissent en plus grand nombre pendant certains étés; et cela
dépend du plus ou moins de difficultés ou d'accidents auxquels
ils ont été exposés durant leur voyage. C'est ce qu'on remarque
pour beaucoup d'oiseaux de proie, de Corbeaux, d'oiseaux chanteurs, de Cigognes, de Canards, et pour la plupart des espèces
aquatiques. Les espèces vagabondes, comme plusieurs oiseaux de
nuit, les Gros-becs, les Pinsons, les Chardonnerets, les Pigeons,
le Râle de genêt, plusieurs Hérons, les Grues, les Œdicnèmes,
beaucoup de Bécasseaux, plusieurs Oies, des Canards, des Hirondelles de mer, etc., établissent leurs nids tantôt dans une contrée et tantôt dans une autre, selon les circonstances et toujours là
où ils trouvent le plus de quoi se nourrir. Or, comme leur nourriture dépend de la réussite de certaines graines, de l'humidité
ou de la sécheresse de l'année, de la présence de certains insectes, etc., il s'ensuit qu'ils ne peuvent avoir de stations bien
fixes. Ainsi, en 1818, la semence de pin n'avait pas réussi dans
le Nord, tandis qu'il y en eut beaucoup dans le milieu de l'Europe;
aussi vit-on en Allemagne, dès le mois de juin, un nombre immense de Becs-croisés. Pendant l'été de 1819 il y eut, dans les
vallées du Rhin, beaucoup plus de Râles de genêt qu'à l'ordinaire, tandis qu'il n'y en eut presque pas dans les environs d'Al-

tenbourg, où ils sont habituellement très-communs. Cela tenait
à ce que les prairies de cette dernière contrée étaient devenues
arides par suite des sécheresses de l'été, tandis que les vallées du
Rhin, constamment plus humides, offraient une riche végétation.
Il est tout naturel que la différence du point de station pendant
l'été entraîne des différences dans la direction du voyage ; aussi,
dans certaines années, voyons-nous nos contrées traversées par
des oiseaux qui ne s'y voient jamais. Mais la nature de l'hiver,
non moins que celle de l'été, produit de grandes modifications
dans le passage des oiseaux. L'hiver de 1821 à 1822 fut un des
plus doux dans les contrées moyennes de l'Europe, et néanmoins
les oiseaux du Nord sont venus en Allemagne ; les Jaseurs de
Bohême sont venus jusqu'en Suisse, les Bouvreuils jusqu'auprès
de Wittenberg, et les Busards même jusque dans nos forêts, ce
que peu de personnes avaient encore vu. La raison de tout cela,
c'est que l'hiver, si tempéré cette année dans nos climats, était
un des plus rigoureux qu'on se soit rappelés dans les pays septen-
trionaux, et avait par conséquent repoussé chez nous ces hôtes du
Nord. L'hiver de 1822 à 1823 fut tout différent : tandis qu'en
Allemagne il y avait vingt-cinq degrés de froid, il n'y en avait
que cinq en Suède et en Dannemark ; aussi l'Allemagne fût-elle
délaissée ; les Alouettes ont passés l'hiver dans le Séeland et le
Jutland, et chez nous les Merles sont morts de faim.

On sait que le passage prématuré de certaines espèces, les
Grues, les Oies, etc., annonce un hiver rigoureux ; s'il passe chez
nous beaucoup de Fauvettes de roseaux, et si les Stercoraires
se montrent, c'est le signe certain d'un hiver froid. Le fait est
d'autant plus surprenant que la migration habituelle des Fauvettes de roseaux se fait en août et en septembre, et que les Stercoraires passent vers le milieu d'octobre. Le temps qu'il fait
à l'époque de la migration est encore une des circonstances
qui exercent une grande influence sur cette dernière ; ainsi,

pour ne citer qu'un des nombreux exemples que M. Brehm
rapporte à l'appui de cette assertion, on a vu en Allemagne des
Fauvettes à gorge bleue dès les premiers jours d'avril 1825,
tandis que plus tard, lorsque la véritable époque du passage de
ces oiseaux est arrivée, il ne s'en est montré aucun. Il en fut
de même des Bécasses. Le froid qui était survenu, la neige qui
couvrait encore les montagnes des deux côtés du Rhin, empêcha
ces oiseaux vermivores de venir en Allemagne, et, contrairement
aux habitudes, leur passage s'est effectué plus au sud ; nous avons
eu, par contre, le passage des Gobe-mouches noirs, oiseaux qui
passent habituellement plus au nord.

L'influence du temps reconnue, comment le voyage s'effec-
tue-t-il ? Certains oiseaux voyagent pendant la journée, le plus
grand nombre pendant la nuit. Ceux qui voyagent pendant le jour
sont les oiseaux de proie diurnes, les Corbeaux, les Pies, les Sittelles, les Mésanges, les Roitelets, les Pinsons, les Chardonnerets,
les Alouettes, les Hirondelles, etc., etc.; ceux qui voyagent pendant la nuit sont les oiseaux de proie nocturnes, les Pie-grièches,
les Martins-pêcheurs, les Merles, les Traquets, les Sylvies, les
Gobe-mouches, les Engoulevents, les Merles d'eau et un grand
nombre d'oiseaux aquatiques. Il y en a qui voyagent aussi bien
pendant le jour que pendant la nuit : de ce nombre sont les Bergeronnettes, les Fauvettes des Alpes, les Bruants, les Pluviers, les Cigognes, les Hérons, les Grues, les Hirondelles de mer, les Mouettes,
les Oies, les Cygnes, les Harles, etc.; mais certaines circonstances
peuvent encore faire varier cette règle : ainsi, lorsque le voyage
est rapide, pressé, certaines espèces, qui, comme les Merles, ne
voyagent ordinairement que pendant la nuit, continuent leur route
en plein jour et prennent à peine le temps de manger. Cependant les véritables chanteurs, comme les Rossignols, les Rubiettes
à gorge bleue, les Rouges-gorges et toutes les Fauvettes, ne voyagent jamais pendant le jour. On ne conçoit guère comment tous

ces oiseaux peuvent effectuer le voyage sans dormir, et ce qu'il y a de plus remarquable, c'est que cette insomnie n'est pas observée seulement sur les individus libres, mais bien encore chez les oiseaux de même espèce gardés en cages. Pendant la journée, ces derniers cherchent leur nourriture et sont alertes; mais, pendant la nuit, ils sont inquiets, éveillés et comme tourmentés pendant tout le temps que dure le passage des oiseaux de leur espèce. Malgré l'obscurité, ils chantent dans leur cage, et leur inquiétude semble encore plus grande lorsque la nuit est éclairée par la lune.

Beaucoup d'oiseaux cherchent leur nourriture tout en voyageant; ainsi les Hirondelles prennent constamment des insectes pendant leur traversée; les Mésanges, les Roitelets, les Sittelles, les Grimpereaux, les Pics, s'arrêtent un moment sur les arbres qui semblent leur promettre quelque nourriture et continuent presque aussitôt leur route; les Hirondelles de mer, les Mouettes, les Plongeons, pêchent en cheminant. Tous les oiseaux de passage s'arrêtent dans certaines localités qui leur offrent de quoi se nourrir; on dirait qu'ils veulent s'y arrêter définitivement; mais, si le temps a été favorable, ils ont tous disparu le lendemain. Lorsque la migration n'est pas troublée par des accidents, aucun oiseau ne s'arrête deux jours au même endroit. Beaucoup d'espèces font entendre pendant leur voyage des sons qu'elles ne rendent jamais à une autre époque, de sorte que ces cris peuvent tromper ceux qui les entendent sur la nature de l'espèce qui passe pendant la nuit.

Les oiseaux qui émigrent se tiennent ordinairement très-haut dans les airs, et toujours à peu près à la même distance du sol. Ainsi ils s'élèvent pour passer au-dessus des montagnes et ils descendent pour traverser les vallées. Cependant quand il y a des brouillards, leur vol est toujours plus bas et ils passent alors si peu au-dessus des montagnes, qu'ils semblent raser le sommet des arbres, et ils s'arrêtent généralement pendant les grosses pluies.

Contrairement à ce qui favorise la navigation, les oiseaux voyagent plus facilement vent debout; ce fait est bien connu des chasseurs, qui, pour les tirer à portée en bateau, se laissent aller au vent. Ne pouvant en effet s'élever qu'avec un vent contraire, il faut de toute nécessité que les oiseaux s'approchent du bateau que le vent pousse à leur rencontre : cela tient à ce que l'aile des oiseaux est plus ou moins concave en dessous et plus ouverte en avant qu'en arrière, aussi, lorsque le vent vient arrière, il souffle sur la face supérieure des ailes déployées, déprime le vol, relève les plumes, et ce n'est qu'avec de grands efforts que l'oiseau peut se maintenir en l'air. Lorsque au contraire le vent arrive en face, il remplit les ailes, les soulève, et soutient ainsi l'oiseau, qui n'a presque pas d'efforts à faire pour avancer, puisque sa pesanteur et l'action du vent sous les ailes obliques d'avant en arrière constituent deux forces, dont la combinaison a pour résultat le mouvement en avant. Nous voyons, en effet, les grands oiseaux de nos pays parcourir au vol des distances considérables sans remuer les ailes; ce qui ne pourrait avoir lieu avec un vent arrière. Pendant qu'ils volent ainsi, les ailes étendues et immobiles, ils descendent insensiblement. On voit souvent des faisans et des perdrix qui, après avoir reçu un coup de fusil, soutenus par un vent debout et leurs poches aériennes, volent encore à d'assez grandes distances, quoique leurs forces ne leur permettent plus de mouvoir les ailes.

Il faut aussi constater l'importance de la direction du vent pour la migration des oiseaux et pour la direction de la route conséquemment variable qu'ils pourront suivre. Au commencement d'avril 1822, dit encore M. Brehm, nous avions le vent ouest et sud-ouest; plusieurs espèces printanières n'arrivèrent point. A peine le vent est-il changé en celui du nord-est, que tous ces oiseaux arrivèrent en colonnes serrées et passèrent en peu de jours.

Mais, quand le vent leur est constamment défavorable, il faut bien cependant qu'ils se mettent en route : c'est ce qu'on a vu au printemps de 1825, où nous avions constamment le vent d'ouest et de sud-ouest. Les oiseaux du printemps arrivèrent néanmoins, mais plus tard, plus en désordre, un à un, et tous plus maigres qu'à l'ordinaire, ce qu'il faut attribuer aux fatigues d'un voyage exécuté dans de mauvaises conditions. Mais l'on ne conçoit guère comment beaucoup de petites espèces peuvent supporter les fatigues du voyage; comment elles peuvent se hasarder sur la mer au mépris des tempêtes. Il n'y a aucun doute qu'elles ne passent l'Océan. Faber a vu un Pipi au milieu de sa route entre le Danemark et l'Islande. M. Brehm a reçu un Roitelet qui a été pris au milieu de la mer Baltique. Des Fauvettes vont jusqu'à l'extrémité nord de la Norvége, et on sait que des Hochequeues et des Traquets arrivent jusqu'en Islande. Les Cailles, dont les ailes sont très-courtes et peu en proportion avec le poids du corps, traversent cependant la Méditerranée. Elles attendent le vent favorable pendant des semaines entières, et, ce vent arrivé, elles en profitent le plus vite possible, se reposant néanmoins sur chaque petite île; et non-seulement elles laissent de nombreuses victimes sur toutes les côtes qu'elles quittent et qu'elles abordent, mais encore elles périssent en grand nombre si, pendant leur vol, le vent vient à changer brusquement de direction.

Il y a des oiseaux qui effectuent une grande partie de leur voyage sans voler, tels sont les Poules d'eau, les Râles d'eau et de genêt, qui n'ont qu'un vol très-court. D'autres font le voyage en nageant, tels sont les Pingouins, les Plongeons, les Guillemots, les Grèbes, etc.

Quant à la direction du voyage, on peut dire que, dans l'ancien continent, les oiseaux gagnent le Sud-Ouest en automne et le Nord-Est au printemps. Cependant les déviations ne sont pas

rares : beaucoup d'oiseaux aquatiques, après avoir suivi en automne les côtes de la Baltique et de la mer du Nord, changent
subitement de direction en arrivant en Hollande, remontent le
Rhin et vont passer l'hiver sur les lacs de la Suisse. C'est ce que
font surtout plusieurs Canards et certains Plongeons. Les oiseaux
du nouveau continent ne suivent point dans leurs voyages la
même direction que ceux de l'ancien monde. Les espèces aquatiques du Groenland vont vers le Sud-Est.

Suivant M. Brehm, c'est un pressentiment qui détermine les
oiseaux à se mettre en route, et il regarde cette opinion comme
étant le plus en harmonie avec les faits. Lorsque, pendant l'automne de 1822, il vit tous les Canards quitter le lac de Griessnitz
et qu'il apprit l'arrivée des Pingouins du Nord sur les côtes
d'Allemagne, il s'attendit à un hiver rigoureux, et la suite con-
firma sa prévision. Si nous conservons chez nous pendant l'hiver,
ajoute-t-il, beaucoup de Pinsons, de Linottes, de Verdiers, on
peut être sûr qu'il n'y aura pas beaucoup de neige ou que le
froid ne sera pas durable. Il y a donc chez les oiseaux un instinct
qui les fait partir et qui les initie aux événements météorolo-
giques qui se préparent ; il y a chez eux une faculté particulière
de pressentir tout ce que la saison doit avoir de rigoureux ; une
sensibilité exquise pour les changements atmosphériques qui se
préparent. C'est ainsi que nous voyons, tous les jours, certaines
affections rhumatismales avertir ceux qui en sont atteints du
temps qui va survenir.

D'après cet exposé, déjà bien long, nous voyons que les opinions
des divers observateurs dont nous venons de parler varient comme
les espèces qui ont fait le sujet de leurs observations, et que beaucoup d'entre eux, comme nous l'avons déjà dit, se sont trompés
en voulant généraliser des faits seulement particuliers à certaines
espèces. Nous pensons que les causes qui déterminent les oiseaux
à voyager sont de deux ordres : les unes, impérieuses, dépendent

d'une loi d'harmonie à laquelle tous les êtres sont soumis, et qu'il est plus facile de concevoir que d'expliquer; les autres, plus saisissables et auxquelles on est disposé à attacher trop d'importance, ne sont que la conséquence des premières. La Providence, toujours si sage et si prévoyante, ne pouvait imposer aux oiseaux un changement de climat, une répartition à époque fixe, dans plusieurs régions où leur présence est utile pour maintenir l'équilibre et modérer l'accroissement des espèces animales et végétales nuisibles, sans assurer à ces précieux auxiliaires la température et l'alimentation qui leur est nécessaire. Ce qui doit le plus exciter notre admiration, c'est moins le fait en lui-même que la puissance qui préside à son exécution, malgré toutes les difficultés que cette exécution rencontre. Les oiseaux migrateurs viennent de régions généralement peu habitées par l'espèce humaine : ce sont, ou les régions polaires pour la plupart des palmipèdes, ou les forêts vierges et les vastes plaines des parties tropicales des continents pour les autres oiseaux. Si la conservation de l'espèce exige des lieux presque inaccessibles à ce besoin de destruction si naturel à l'homme, une patrie protectrice où les oiseaux puissent se reproduire en nombre suffisant pour la mission qu'ils doivent remplir, ce ne peut être pour agglomérer sur ces régions éloignées des masses inutiles et qui bientôt finiraient par se nuire. Tout est parfaitement équilibré dans la nature, et, si nous ne comprenons pas toujours le but de la puissance qui dirige l'harmonie des mondes, il faut au moins reconnaître que ce n'est pas trop mal combiné, quoique tout ne marche pas toujours au gré de nos désirs ou de nos besoins présents.

Les oiseaux émigrent pour se répandre partout où leur présence est utile. Quelle est donc l'espèce appétissante qui résisterait à la destruction, en France, par exemple, si la loi ne la protégeait pendant une partie de l'année? quelle est l'espèce émigrante ou de passage qui ne serait détruite, si son séjour était plus pro-

longé et si tous les individus suivaient la même route? Il y a des
Bécasses, des Cailles, des Alouettes et des Becs-fins dans tous les
pays, et cette répartition n'est pas exclusivement le fait d'un besoin d'alimentation pour tous ces oiseaux. Ils viennent manger
les vers, les nombreux insectes de toutes sortes, qui sans eux
rendraient un pays inhabitable et improductif; c'est ce que nous
avons cherché à établir dans notre introduction.

Fig. 339. — Caille.

Cette cause générale reconnue, passons à l'examen des causes
secondaires. Le besoin de nourriture explique-t-il suffisamment
les migrations des oiseaux? Cela pourrait être, comme nous l'a-
vons dit, pour quelques espèces erratiques; mais cela est moins
vrai pour les espèces émigrantes. Les Cailles, qui vivent de vers
et de graines, partent à l'époque des semailles, alors qu'elles auraient encore à vivre pendant un mois dans l'abondance; elles
partent très-grasses et n'ont pas encore souffert, et leur départ
précipité a lieu au moment où arrivent les Alouettes, qui vivent
aussi de vers et de grains et qui trouvent à manger jusqu'après les
premières gelées. Il faut cependant dire que les Cailles partent

aussi parce qu'elles manquent d'abri : les blés sont coupés et les plaines n'ont plus que des couverts de trèfles ou de luzernes qui ne leur suffisent plus. On a remarqué que les Cailles prolongeaient de beaucoup leur séjour dans nos plaines lorsque autrefois les moissonneurs laissaient de grands chaumes. Le départ de ces oiseaux s'expliquerait donc mieux, au besoin, par l'absence d'un abri convenable que par l'insuffisance de la nourriture. Les changements atmosphériques peuvent-ils les pousser à partir? mais il fait souvent encore très-chaud longtemps après leur départ, et elles sont arrivées à une époque à laquelle la température était encore froide, mais alors que les plaines étaient déjà couvertes de verdure.

Fig. 340. — Sarcelle d'été. Querquedula, d'après Gould.

La prévision de la nue, la longueur relative des nuits, le besoin de reproduction, les courants atmosphériques, la sensibilité augmentée, l'hygrométricité des plumes, les pluies, la chute des feuilles, la flétrissure de tous les végétaux, peuvent bien agir un peu sur les dispositions de ces oiseaux, que nous avons choisis pour discuter la question, parce qu'il est plus facile de les observer;

mais véritablement il ne faut pas accorder à ces causes toutes secondaires une importance qu'elles n'ont pas, et qui n'expliquerait
jamais cette nostalgie dont les Cailles captives, au moment du départ, donnent de si remarquables exemples. Elles ne manquent
ni de nourriture ni d'abri, rien ne gêne leur nature paresseuse,
et cependant la nécessité qui les pousse est si impérieuse, qu'elles
n'ont plus un moment de repos; elles sont inquiètes, font des efforts
désespérés pour suivre l'instinct qui les entraîne; elles s'enlèvent
dans leurs cages, s'écorchent la tête, et ne suspendent leurs manœuvres que lorsque, épuisées et le crâne brisé, elles n'ont plus
la force de se soutenir; aussi en est-il bien peu qui survivent
à d'aussi dures épreuves.

Nous ne pouvons, sans nous exposer à des répétitions inutiles,
dire en ce moment tout ce qui a rapport aux migrations, dont
nous parlerons en détail en faisant l'histoire particulière des oiseaux.

DOUZIÈME LEÇON

Instinct, intelligence. — Classification.

L'instinct dépend de l'organisation, car il se manifeste spontanément et avant qu'aucun raisonnement ait pu avoir lieu chez
les animaux, qui, à l'état parfait, pourront s'élever à un certain
degré d'intelligence. Aussi l'on peut dire que, toutes les fois que
les sens agissent sans la participation de la pensée, c'est de l'instinct, et qu'il est d'autant plus vif que les objets qui peuvent in-
téresser les animaux sont moins nombreux.

Le sentiment, ou plutôt la faculté de sentir, dit Buffon, l'instinct, qui n'est que le résultat de cette faculté, et le naturel, qu
n'est que l'exercice habituel de l'instinct guidé et même produit
par le sentiment, ne sont pas, à beaucoup près, les mêmes dans
les différents êtres ; ces qualités intérieures dépendent de l'organisation en général et sont relatives, non-seulement au degré de
perfection des sens, mais encore à l'ordre de supériorité que met
entre eux ce degré de perfection. Cependant il n'est guère possible d'avoir sur l'intelligence des oiseaux une idée aussi complète que sur celle des mammifères, dont l'organisation a bien

plus de rapports avec l'organisation humaine. Les comparaisons que nous pouvons faire seront toujours inexactes, tant que nos moyens d'appréciation ne descendront pas au niveau de la nature des oiseaux, si éloignée de la nôtre. Leurs actions n'ont pas le même but, leur voix ne traduit pour nous que quelques-uns de leurs désirs ou de leurs craintes; leurs douleurs sont le plus souvent muettes et incomprises, de même que nous sommes sans moyens pour leur faire comprendre nos volontés. La faim et la privation de sommeil ou de lumière solaire peuvent bien les soumettre; mais, dans ce cas, ils se résignent par faiblesse, et leurs instincts se modifient, se perdent, pour faire place à des instincts de circonstance que quelques heures de liberté leur font oublier.

Un oiseau dont l'oreille est assez délicate, assez précise pour saisir et retenir une suite de sons ressemblant aux paroles, et dont la voix est assez flexible pour les répéter plus ou moins distinctement, reçoit ces paroles sans les comprendre et les rend comme il les a reçues : quoiqu'il articule des mots, dit encore Buffon, il ne parle pas, parce que cette articulation de mots n'émane pas du principe de la parole, et n'en est qu'une imitation qui n'exprime rien de ce qui se passe à l'intérieur de l'animal et ne représente aucune de ses affections. L'homme a pu modifier dans les oiseaux quelques puissances physiques, quelques qualités extérieures, telles que celles de l'oreille et de la voix, mais il a moins influé sur les qualités intérieures. On en instruit quelques uns à chasser; on en apprivoise quelques autres assez pour les rendre familiers; à force d'habitude on les amène au point de s'attacher à leur prison, de reconnaître la personne qui les soigne; mais tous ces sentiments sont bien légers, bien peu profonds en comparaison de ceux que nous transmettons à certains mammifères, et que nous leur communiquons en moins de temps et avec bien plus de succès. Quelle comparaison peut-on faire entre l'attachement si dévoué d'un Chien et la familiarité capricieuse d'un serin, entre l'intelligence de l'un et les effets de l'habitude de l'autre?

Peut-on invoquer à l'appui de l'intelligence des oiseaux l'affection et les soins dont ils entourent leur couvée? Ils sont, pour ces soins, soumis à cette loi générale de conservation de l'espèce qui s'étend à tous les êtres vivants. Nous pouvons admirer ce sentiment qui fait naître chez l'oiseau une affection toute particulière pour des œufs en apparence sans vie et qu'il couve avec tant de sollicitude; nous pouvons nous demander quelle peut être la compensation des peines de la couveuse, quelle volupté peut être le prix de soins si tendres. Nous pouvons dire avec Virey : D'où vient ce besoin qui oblige les oiseaux à couver, qui les prive de toute liberté, qui enchaîne leur inconstance, modifie en un instant toutes leurs habitudes, les expose souvent à la faim, à tous les dangers, et les retient sur leurs œufs? Mais toute cette tendresse instinctive n'est pas de l'intelligence. Elle ne commence à paraître momentanément, mais toujours sous l'influence de la même loi, qu'à la naissance des petits, et disparaît dès que les jeunes n'ont plus besoin de la mère, qui revient alors à ses instincts vulgaires. On ne peut, en effet, refuser à la Poule qui a des Poussins une certaine intelligence, provoquée par les sensations diverses qu'elle éprouve. Elle les appelle par des gloussements qui expriment ces sensations, et dont on peut saisir facilement les différences. Les Poussins comprennent immédiatement le langage de leur mère : a-t-elle trouvé quelque vermisseau, son cri d'appel est doux; voit-elle un danger, son cri n'est plus le même, il est précipité, aigu, strident; les petits accourent à l'un et à l'autre, mais avec des allures bien différentes, dans l'un ou l'autre cas. Souvent le cri de la mère veut dire : Accourez sous mon aile; parfois aussi il veut dire : Cachez-vous; et les petits, au lieu d'accourir, s'arrêtent sur place, s'aplatissent, et par leur immobilité on voit qu'ils ont compris et qu'ils cherchent à

se dérober aux regards de l'ennemi qui les menace. C'est moins
dans une basse-cour que dans les champs qu'on peut observer
ces intelligentes manœuvres, dont la Perdrix surtout fournit de
nombreux exemples. Qui lui apprend à abandonner un instant
ses petits dans un blé où elle les croit bien cachés, à simuler
une impossibilité de vol, à se traîner en battant de l'aile pour
attirer les regards qui l'inquiètent? Qui apprend aux petits à
rester blottis jusqu'au retour de leur mère? Pouvons-nous établir pour ces divers actes ce qu'il y a d'instinctif et ce qu'il y a
d'appris? L'intelligence se montre encore chez la Poule, qui,
pour défendre sa couvée, ne craint pas d'attaquer des animaux
plus forts qu'elle, et qui s'éloignent plutôt fascinés par cette lé-
gitime fureur que par la réalité du mal qu'ils ont à redouter.
Si l'amour maternel inspire des sentiments violents chez les oiseaux comme chez les autres animaux, nous voyons qu'il peut
aussi inspirer le respect. Mais l'intelligence de la Poule est bien
plus évidente lorsqu'elle a couvé des œufs de Cane : son instinct
est mis en défaut par celui de ses petits, qui, gênés dans leurs
allures sur terre, et n'y trouvant pas la nourriture qui se prête
à leur barbotage, cherchent aussitôt à se mettre à l'eau : quelle
n'est pas alors l'inquiétude de la mère devant d'indociles Canetons qui ne comprennent pas plus son langage qu'elle ne comprend le leur! Elle maîtrise sa frayeur, s'avance le plus qu'elle
peut avec l'espoir de ramener ses petits et la pensée de les secou-
rir; mais ses cris de rappel et ses accents de douleur n'ont aucun
succès : les Canetons ne reviennent que lorsqu'ils ont besoin de
la chaleur de leur mère, qui cherche à les entraîner loin du rivage et ne peut s'habituer à des instincts, à des besoins qu'elle
ne connaît pas.

Lacépède, comparant à l'intelligence des animaux supérieurs
l'instinct des oiseaux et les actes qui en sont la conséquence, crut
pouvoir établir le degré de sensibilité de ces derniers d'après la

constance et l'étendue de leurs soins pour leurs compagnes et leurs petits, et il proposa les distinctions suivantes, en commençant par le degré le plus bas de l'échelle :

1° Oiseaux dont les mâles abandonnent les femelles avant qu'elles s'occupent de la retraite dans laquelle elles déposeront leurs œufs ;

2° Ceux qui quittent les femelles pendant qu'elles s'occupent de la préparation du nid ;

3° Ceux qui s'occupent avec les femelles de la fabrication du nid ;

4° Ceux qui gardent et protégent les femelles pendant l'incubation, leur apportent une partie de la nourriture dont elles ont besoin et chantent auprès du nid ;

5° Ceux qui partagent avec les femelles les soins de l'incubation ;

6° Ceux qui prennent part à l'assiduité inquiète de la femelle auprès des petits ;

7° Ceux qui préparent dans leur jabot la première nourriture des petits ;

8° Ceux qui demeurent avec leurs petits, les aident et les défendent même alors qu'ils sont en état de se suffire à eux-mêmes.

Il estimait aussi le degré de leur industrie d'après la perfection plus ou moins grande apportée par eux à la fabrication du nid, et ces dernières conditions, ajoutées à celles de la sensibilité, lui servaient à distinguer les oiseaux supérieurs :

1° Oiseaux qui ne construisent pas de nid ou s'emparent d'un nid étranger ;

2° Ceux qui composent leur nid de matériaux grossiers, réunis sans soin ;

3° Ceux dont le nid est formé de matières choisies après examen, préparées avec attention et apportées de loin ;

4° Ceux qui fabriquent leur nid avec des matériaux qu'ils

enlacent et qu'ils tissent souvent avec une merveilleuse habileté;

5° Ceux qui mettent une recherche particulière, une sorte d'attention, de discernement, à placer le nid dans la position la plus convenable, à l'extrémité d'une branche ou sous des feuilles pour garantir les petits du danger;

6° Ceux dont le nid a une entrée étroite, un auvent, des conduits tortueux, plusieurs compartiments;

7° Ceux qui se réunissent à d'autres couples pour construire des nids qui se touchent et qui reçoivent ainsi plusieurs ménages;

8° Ceux enfin qui forment des sociétés nombreuses, et dont les nids sont couverts d'une enveloppe commune due à un concert de volonté, de ressources et d'adresse.

Il est facile de concevoir, ajoute le savant naturaliste, que, pour établir une comparaison rigoureuse entre les espèces dont on veut indiquer le degré d'industrie ou de sensibilité, il faudra rechercher dans les résultats de ces deux facultés ce qui devra être rapporté à l'influence du climat, à l'élévation de la température pendant le temps de la ponte, à la solitude de la retraite, au nombre des ennemis à redouter, à la puissance des armes pour attaquer ou pour se défendre, à la vitesse du vol, à la forme du bec et des pattes, instruments dont l'oiseau a été pourvu aussi pour ramasser, préparer, réunir et arranger les matériaux du nid.

C'est à dessein qu'en traitant de la voix et du chant des oiseaux nous avons réservé ce que nous avions à dire de leur langage pour en parler à l'occasion de leur intelligence. Chaque espèce, à n'en pas douter, a le moyen de se faire comprendre par tous les individus qui la constituent. Les migrations ne commencent pas, comme nous l'avons vu, sans être précédées d'un conseil général souvent très-bruyant; et, pendant le voyage, les émigrants ne cessent de se faire entendre pour régler la vitesse du vol, afin

que les plus faibles puissent suivre les plus forts et aussi pour
rappeler les égarés. Chaque ton de leur voix a sans doute une
signification particulière qui leur sert de moyen de communica-
cation. S'il en était autrement, comment ceux qui vivent en
société s'entendraient-ils? comment construiraient-ils ces nids
compliqués et si artistement arrangés? comment dans ces tra-
vaux d'architecture chacun aurait-il sa tâche? Tout travail en
commun nécessite une entente chez les animaux peut-être plus
encore que chez les hommes, et nos livres sacrés nous apprennent que la tour de Babel n'a pu être construite.

Dupont de Nemours a écrit plusieurs Mémoires sur l'intelligence des oiseaux, sur leur instinct et leur langage; il nous serait
impossible de le suivre dans tous les détails de ses observations,
mais nous lui emprunterons quelques passages au moins très-
curieux.

Il est beaucoup plus commode d'étudier les animaux après leur
mort que de leur vivant, dit le savant académicien : ils ne peuvent alors fuir ni résister. On les dessine, on les décrit, on les
dissèque, et on les empaille à l'aise dans son cabinet. C'est un
travail facile qui fait si bien connaître leur corps, qu'on ne se
soucie presque plus de leurs mœurs, qui sont cependant une
des parties les plus intéressantes de leur histoire.

Je crois voir quelques-uns de mes respectables collègues sou-
rire à ce que je vais dire sur les dialogues des Corbeaux, auxquels
ils ne connaissent qu'un assez vilain cri. Je voudrais vivre aux
champs avec mes savants amis, afin de m'éclairer de leurs lumières
et de les mener quelquefois loin du village, dans un sauvage réduit, bien immobiles, bien silencieux, l'œil au guet, l'oreille attentive, un crayon et un petit livre à feuillets blancs à la main;
là, je les inviterais à étudier la nature vivante et à noter leurs re-
marques sous sa correcte dictée. Ils apprendraient beaucoup de
mots du dictionnaire de plusieurs espèces. C'est un travail

long ; les Corbeaux m'ont coûté deux hivers et grand froid aux pieds et aux mains. Voici ce que j'ai recueilli de leur voix, qu'on croit toujours la même, quand on l'écoute rarement et avec distraction :

cra,	grass,	craé,	créo,	craou,
cré,	gress,	créa,	créé,	créo,
cro,	gross,	croa,	croé,	croo,
crou,	grouss,	croua,	croué,	crouo,
crouou,	grououss,	grouass,	grouess,	grouoss.

Ce sont vingt-cinq mots dont l'analogie est très-grammaticale et qu'ils peuvent peut-être combiner à l'infini, comme nous le faisons à l'aide de nos chiffres arabes. Mais même sans combinaisons ces vingt-cinq mots suffisent bien pour exprimer : *ici, là, droite, gauche, en avant, halte, pâture, garde à vous, froid, chaud, partir, je t'aime, moi aussi, nid,* et une douzaine d'autres avis qu'ils ont à se donner selon leurs besoins.

Voilà un exemple de la prose vulgaire des oiseaux, mais il faut aussi parler de leurs poésies. Ils aiment, et doivent chanter leur flamme ; ils doivent ajouter à la pensée même par le rhythme et par l'intonation. Ils ont des poëtes de tous les ordres : les uns abordent le genre trivial, leurs chansons sont courtes, mais bruyantes ; elles n'expriment que la satisfaction sensuelle. Ainsi chante le Coq sur un fumier au milieu de ses Poules. Le Pinson a déjà une poésie plus relevée ; l'Alouette, en s'élevant dans les airs, chante un hymne sur les beautés de la nature. On a cherché à imiter son chant par la phrase suivante :

> La gentille Alouette, avec son tirelire
> Tirelire, relire, et tirelirant, tire
> Vers la voûte du ciel : puis son vol vers ce lieu
> Vire et désire dire : Adieu ! adieu ! adieu !

L'Hirondelle, toute tendresse et tout affection, chante rarement seule, comme nous le dirons plus loin, mais en duo, en trio, en quatuor, en sextuor, en autant de parties qu'il y a de membres dans la famille, et c'est le bonheur domestique qui est le sujet de son poëme. Sa gamme n'a que peu d'étendue, et pourtant son petit concert est plein de douceur et de charme.

Le Rossignol aborde de plus grandes difficultés, comme chant et comme poésie : il a trois chansons distinctes pour ceux qui l'écoutent attentivement. Celle de l'amour suppliant, d'abord langoureuse, puis mêlée d'accents d'impatience très-vifs, qui se terminent par des sons filés, respectueux, qui vont au cœur. Dans cette chanson, la Rossignole fait sa partie en interrompant le couplet par des *non* très-doux auxquels succède un *oui* timide et plein d'expression. Elle feint alors une fuite vers un buisson voisin, où le Rossignol la suit et qu'ils quittent bientôt tous deux, l'un en faisant entendre quelques paroles rapides, saccadées, éclatantes, et que leur vivacité ferait prendre pour de la colère : aimable colère! C'est la seconde chanson, à laquelle la femelle répond par des mots plus courts encore, qui se traduisent par *ami, mon ami…. ah! mon ami!* Enfin l'on travaille au nid. C'est une affaire très-importante, aussi les chants sont suspendus. Cependant le dialogue continue, mais il n'est que parlé, et aucune différence d'accent ne distingue plus les interlocuteurs. C'est pendant la ponte et l'incubation que, perché sur une branche voisine de celle qui porte son nid, un peu au-dessus de lui, battant la mesure par le petit balancement qu'il imprime au rameau et quelquefois par un léger mouvement des ailes, il distrait sa femelle par son chant, la félicite et l'encourage. J'ai tâché de traduire cette troisième chanson, et, quoique ce soit très-imparfaitement, — on m'arrête et l'on me demande « comment on peut apprendre des langues d'animaux et parvenir à se former de leurs discours une idée qui en approche. » Je réponds que

le premier point pour réussir était d'observer soigneusement les
animaux; de remarquer que ceux qui produisent des sons y at-
tachent eux-mêmes et entre eux une signification, et que des
cris originairement arrachés par des passions, puis recommencés
en pareille circonstance, sont, par un mélange de la nature et
de l'habitude, devenus l'expression constante des passions qui les
ont fait naître. Lorsque l'on vit familièrement avec des animaux, pour peu que l'on soit susceptible d'attention, il est impossible de ne pas demeurer convaincu de cette vérité. — Ces
langues reconnues, comment les apprendre? comme nous appre-
nons celles des populations sauvages ou même celles de toute
nation étrangère dont nous n'avons pas le dictionnaire et dont
nous ignorons la grammaire : en écoutant le son, nous le gravant
dans la mémoire, le reconnaissant lorsqu'il est répété, le discer-
nant de ceux qui ont avec lui quelques rapports sans être exactement les mêmes, l'écrivant quand il est constaté, et à l'occasion
de chaque son observant la chose avec laquelle il coïncide, et le
geste ou mouvement dont il est accompagné.

Les animaux n'ont que très-peu de besoins et de passions;
mais ces besoins sont impérieux et ces passions vives. L'expression
est donc assez marquée; par compensation les idées sont peu
nombreuses et le dictionnaire court; la grammaire plus que
simple : très-peu de noms, environ le double d'adjectifs, le verbe
presque toujours sous-entendu; des interjections qui sont en un
seul mot des phrases entières : aussi ne distingu-t-on dans leur
langage aucune autre partie du discours.

Je désire que cette explication paraisse satisfaisante, et je re-
viens à ce qu'il m'a été possible de comprendre de la chanson du
Rossignol. Mais je réclame votre indulgence, et, si vous étiez des
Rossignols, je l'invoquerais encore bien plus. Vous savez combien
toute traduction affaiblit l'original. Je ne puis rendre que les paroles, et tout au plus saisir très-faiblement ce qu'en musique on

appelle le *motif*. Oter à un Rossignol sa musique véritable, c'est lui faire un tort affreux !

> Dors, dors, dors, dors, dors, dors, ma douce amie ;
>   Amie, amie,
>   Si belle et si chérie :
>   Dors en aimant,
>   Dors en couvant,
>   Ma belle amie,
>   Nos jolis enfants ;
> Nos jolis, jolis, jolis, jolis, jolis, jolis,
>   Si jolis, si jolis, si jolis,
>   Petits enfants.
>
>   (*Un petit silence.*)
>
>   Mon amie,
>   Ma belle amie,
>   A l'amour,
>   A l'amour ils doivent la vie,
>   A tes soins ils devront le jour,
> Dors, dors, dors, dors, dors, dors, ma douce amie ;
>   Auprès de toi veille l'amour,
>   L'amour,
>   Auprès de toi veille l'amour.

Tel est l'esprit et le fond des paroles de la chanson, qui, selon la sensibilité de l'âme du chanteur, est sujette à beaucoup de variations ; car il ne faut pas croire que tous les individus chantent exactement les mêmes paroles : ils ont le même sentiment et le manifestent à peu près de la même façon. Les différences échappent le plus souvent à nos observations imparfaites ou négligées. Un autre animal, qui aurait même autant d'esprit que nous, mais dont l'espèce serait aussi éloignée de la nôtre que nous le sommes des oiseaux, et qui ne saurait pas plus le français que nous ne savons le rossignol, confondrait aisément Campistron et Racine, Desfontaines et Virgile. Il suffit, à ces énormes distances, d'arriver à comprendre à peu près ce dont il est question, et je ne prétends à rien de plus dans les traductions que j'ai essayées de quelques discours ou dialogues d'animaux.

On a cherché à noter le chant du Rossignol, mais sans succès : les modulations de sa voix ne peuvent être reproduites par aucun instrument, par aucun son; nous en donnerons pour preuve l'imitation un peu tudesque de Bechstein :

Tiounou, tiouou, tiouou, tiouou,
shpe tiou tokoua,
tio, tio, tio, tio,
kououtio, kououtiou, kououtiou, kououtiou,
tskouo, tskouo, tskouo, tskouo,
tsii, tsii, tsii, tsii, tsii, tsii, tsii, tsii, tsii, tsii,
kouvror tiou tskoua pipitskouisi
tso, tso, tso, tso, tso, tso, tso, tso, tso, tso, tso, tso,
tsirrhading.
Tsisi si tosi si si si si si si si
tsorre, tsorre, tsorre, tsorrehi,
tsatn, tsatn, tsatn, tsatn, tsatn, tsatn, tsatn. tsi.
Dlo dlo dlo dla dlo dlo dlo dlo dlo
kouioo trrrrrrritst
Lu lu lu ly ly ly li li li li
kouioo didl li loulgli
ha guour, guour, koui kouio !
Kouio, kououi kououi kououi koui koui koui kom.
Ghi, ggi, ghi.
Gholl gholl gholl gholl ghia hududoi
Koui koui horr ha dia dia dilly !
Hets, hets, hets, hets, hets, hets, hets, hets, hets, hets
hets, hets, hets, hets, hets.
Touarrho hostesroi
kouia kouia kouia kouia kouia kouia, kouia kouiati ;
koni koni koui io io io io io io io koui
lu lyle lolo didi io kioua
Higuai guai guai guai guai guai guai guai komor
tstiotsiopi.

Il y a des oiseaux qui chantent sans attacher d'importance aux paroles que peuvent représenter les notes, pour le seul plaisir de produire et de répéter des sons plus ou moins harmonieux. Tel est le Perroquet ; sa véritable langue n'a aucun rapport avec son caquet. En est-il de même du Moqueur d'Amérique, cet espiègle qui abuse de la facilité de son organe pour attirer les autres oiseaux dont il imite le chant et le cri, et qui semble se divertir et les railler de leur méprise ?

Nous ne pouvons en ce moment dire tout ce qu'on sait des exemples d'intelligence fournis par les oiseaux, nous réservant d'en parler en faisant l'histoire de chacun d'eux ; nous nous bornerons donc à citer quelques faits assez remarquables.

L'Hirondelle de fenêtre, notre aimable commensale, dit encore Dupont de Nemours, est très-distinguée parmi les oiseaux par son intelligence et par sa moralité. Les idées arrivent à son cerveau avec une extrême promptitude, et ses organes obéissent de même aux volontés qu'elles y font naître. Sa tendresse pour ses petits, la reconnaissance de ceux-ci, l'amour conjugal, filial, paternel, s'épanchent sans cesse dans le nid, par une multitude d'expressions affectueuses et douces qui se confondent. Tous les membres de la famille éprouvent un sentiment qu'ils ne peuvent contenir et qu'ils manifestent à la fois par un charmant gazouillement. Tous semblent encore plus pressés de dire : *Je t'aime, tu es beau, tu es bon, ah! combien je t'aime!* que d'écouter ce que disent les autres.

Cependant, lorsqu'il s'agit de rendre service à la voisine, la voix qui demande le secours est entendue ; celle qui l'accorde et qui le commande est écoutée. J'ai vu une Hirondelle qui, ayant, je ne sais comment, un fil à la patte, s'était accrochée accidentellement à une gouttière du collège des Quatre-Nations. Sa force épuisée, elle pendait au bout du fil, qu'elle relevait quelquefois en voulant voler, et jetait de plaintifs gémissements. Toutes les Hirondelles du vaste bassin entre le pont des Tuileries et le pont Neuf, et peut-être de plus loin, s'étaient réunies au nombre de plusieurs milliers. Elles formaient un nuage, et toutes poussaient des cris d'alarme et de pitié. Après une assez longue hésitation et un conseil tumultueux, l'une d'entre elles inventa le moyen de délivrer leur malheureuse compagne; elle communiqua sans doute ce moyen aux autres et le mit à exécution. On fit place : toutes celles qui étaient à portée vinrent à leur tour, comme à une course de bague, donner en passant un coup de bec au fil. Ces coups, dirigés sur le même point, se succédaient de seconde en seconde et incommodaient très-fort la pauvre captive, mais en peu de temps le fil fut coupé et la pendue délivrée. La troupe, seulement un peu éclaircie, resta jusqu'à la nuit, parlant toujours, mais d'une voix qui n'avait plus d'anxiété, et exprimant comme des félicitations mutuelles

Nous ne reviendrons pas sur l'habileté de ces oiseaux pour la construction de leurs nids, mais nous dirons comment elles entendent le droit de propriété acquis par un ingénieux et pénible travail. On sait qu'à l'arrivée des Hirondelles chaque ménage reprend le nid qu'il a construit ou occupé l'année précédente. Chacun reconnaît son domicile et en prend possession. Si l'édifice n'a éprouvé que quelque légère dégradation, les propriétaires le réparent. Mais, s'il est détruit complétement, ils trouvent aide et assistance chez les parents et les voisins, qui concourent avec empressement à la nouvelle construction. Batgowki a communiqué un autre exemple de cet esprit de fraternité et de secours mutuels entre les Hirondelles dans le malheur. Un Moineau s'était emparé d'un nid d'Hirondelle et le défendait vigoureusement. Les anciens maîtres, n'ayant pu rentrer dans leur héritage, invoquèrent leurs confédérés, dont la foule et les menaces ne purent pas davantage faire déloger l'usurpateur. Toutes les tentatives restaient sans résultat. Tout à coup la manœuvre change; l'assaut est suspendu; le siége est converti en blocus : quelques braves Hirondelles surveillent l'ouverture, et, chacune des autres apportant sa becquée de mortier, le nid se trouve en peu d'instants muré comme la fatale prison d'Ugolin; les cris des vainqueurs continuant d'intimider le Moineau et l'empêchant de tenter une sortie, la consolidation du mur fut bientôt complète et l'usurpateur puni. On comprend ce que ce fait suppose de réflexion, d'énergie, d'union, de subordination, d'esprit social employé à la défense commune, à l'intérêt général. Quand il faut émigrer, les Hirondelles se rassemblent sur des points convenus d'avance ou déterminés par l'influence de celle dont les autres reconnaissent la supériorité. Après de longs discours qui occupent des journées entières, on part, et l'on part en troupe, comme le plus grand nombre des oiseaux voyageurs, avec la même discipline : ce qui prouve des conventions, des grades, des magistratures, au moins du genre de celles auxquelles les peuplades sauvages obéissent dans leurs expéditions.

Le même observateur cite un fait qui montre la discipline des Corbeaux et avec quelle sagacité ils jugent la nature du danger auquel nos armes les exposent. Un chêne touffu et très-élevé, éloigné des habitations, servait la nuit d'asile à un grand nombre de Corbeaux. On les voyait s'y retirer tous les soirs. On y va deux heures après le coucher du soleil par une nuit assez claire, et on lâche sur l'arbre un coup de fusil chargé de gros plomb. Les Corbeaux partent, mais aucun en fuyant horizontalement; tous au contraire s'élèvent en ligne presque perpendiculaire, comme une gerbe d'artifice. Leur calcul unanime avait été que, le coup de fusil partant du pied de l'arbre et pouvant être suivi d'un second sur ceux qui auraient filé, l'intérêt commun était de se mettre en hauteur, hors de portée, dans une direction où les branches pouvaient les garantir et intercepter la vue; et ils ne commencèrent à se disperser qu'à une très-grande élévation et choisirent un autre domicile. Dans le jour, lorsque la troupe s'abattait et se répandait dans les champs pour chercher sa subsistance, quatre ou six éclaireurs restaient toujours en l'air, volant doucement de côté et d'autre, observant ce qui se passait et chargés d'en donner avis. Ces éclaireurs étaient relevés d'heure en heure. Les bandes d'Oies, de Canards, de Grues, ont toujours aussi des sentinelles, qui, à l'apparence du moindre danger, donnent le signal d'alarme. Les Corbeaux, les Pies, les Étourneaux, les Ramiers, etc., savent parfaitement reconnaître si l'homme qui vient à eux n'est porteur que d'un bâton ou s'il est armé d'un fusil. Dans le premier cas, ils se laissent approcher; dans le second, ils semblent très-bien calculer la distance, et s'éloignent presque au moment où le chasseur allait pouvoir se servir de son arme. Il y a dans ce fait plusieurs idées : l'homme est armé ou non; son arme agit à telle distance, il est temps de fuir. Est-il possible que ce soit l'expérience individuelle qui ait éveillé cet instinct? Il n'est pas probable que tous ces oiseaux ne partent que parce qu'ils ont éprouvé l'effet des armes; mais ceux d'entre eux qui en ont subi l'épreuve avertissent les autres du danger. L'intelligence des oiseaux se montre encore de diverses manières.

Les Buses et les Busards, de même que quelques oiseaux de proie de l'Afrique et de l'Amérique, savent très-bien se réunir en troupe pour se diviser ensuite sur un large espace, former le cercle, et rabattre, en le rétrécissant toujours vers le centre, les Perdrix ou les Alouettes qui s'y trouvent comme fascinées par la présence et le mouvement d'ailes de leurs ennemis naturels, dont elles deviennent facilement la proie.

Les Flamants et les Pélicans, dans les marais et les eaux qu'ils fréquentent, font le même manége que les oiseaux de proie dont nous venons de parler, pour étourdir et ramener au milieu d'eux le poisson dont ils veulent s'emparer.

Les grands échassiers, tels que les Grues, les Cigognes et les Hérons, ont des chefs de file qui les guident et les dirigent dans leurs longues pérégrinations aériennes, et des vedettes qui les gardent pendant leurs stations à terre. Il en est de même des Cygnes, des Oies et des Canards. Ils voyagent en suivant un ordre très-remarquable : leurs bandes sont rangées en triangle plus ou moins aigu, suivant l'état de l'atmosphère; quelquefois en colonne sur une seule ligne, quand les bandes sont peu nombreuses et se composent d'individus du même âge; parfois en bataille ou en demi-cercle par les temps calmes et après un repos de la troupe. Quel que soit le nombre, ils évoluent dans les airs à la voix des anciens et passent de l'ordre en bataille à l'ordre en colonne ou en triangle, suivant les difficultés et la longueur de l'étape.

Quoi de plus surprenant que la rapidité d'exécution et l'ensemble des mouvements, chez un grand nombre d'espèces qui volent en bandes nombreuses? A un signal, pendant le vol, tous donnent en même temps le même coup d'aile, présentent le flanc et reprennent tout de suite leur position normale. Tels sont, par exemple, les Étourneaux, dont les couleurs miroitent si bien au soleil. Pour exécuter cette manœuvre avec autant d'ensemble, il faut sans doute un commandement préparatoire et un autre commandement d'exécution donnés par un chef auquel toute la bande obéit de la façon la plus merveilleuse.

L'instinct des oiseaux est susceptible de se prêter, au moyen d'une certaine domestication, à nos besoins comme à nos plaisirs. Aussi l'homme a-t-il su en tirer parti en le développant à son profit. C'est ainsi qu'est né et s'est perfectionné l'art de la fauconnerie, devenu presque une science. L'instinct particulier propre aux Rapaces, et qui pousse les uns à la poursuite d'une proie vivante, tandis qu'il réduit les autres à la recherche des proies mortes ou incapables de fuir et de se défendre, a naturellement indiqué qu'il ne fallait se servir que des premiers comme auxiliaires de la chasse.

L'instinct imitateur des Perroquets et celui d'autres oiseaux de l'ordre des Passereaux fournit des moyens de distraction et de plaisir. Profitant de cet instinct qui attache les Pigeons plus qu'aucun autre oiseau aux lieux qui les ont vus naître, instinct parfaitement secondé par la régularité et la rapidité du vol, l'homme s'est fait des messagers pour la prompte transmission de dépêches ou de nouvelles importantes, et cette application de messages souvent mystérieux a certainement précédé l'institution des postes. Marié Stuart, prisonnière d'Élisabeth d'Angleterre à Tutbury, entretint pendant quelque temps une correspondance avec Babington, le chef du complot formé pour la sauver, et c'est par une colombe, que la fille du concierge de la prison lui portait chaque jour, qu'elle était instruite de ce qui se passait et qu'elle communiquait ses réponses en donnant la liberté à l'oiseau.

Les instincts essentiellement pêcheurs des Pélicans et des Cormorans ont fourni des auxiliaires utiles pour les besoins de l'alimentation et le plaisir de la pêche. Les Pélicans conservent une grande quantité de poissons dans l'énorme poche membraneuse de leur bec et on les habitue à rapporter ces provisions à leur maître. Il n'en est plus de même des Cormorans : plus gloutons que les premiers et organisés pour une ingurgitation immédiate, ils ne seraient d'aucune utilité si l'on n'avait imaginé de leur passer au cou un anneau qui les met dans l'impossibilité d'avaler le poisson, aussi le rapportent-ils forcément à leur maître, avec l'espoir d'une part du butin. L'instinct, à n'en pas douter, peut donc se perfectionner par l'expérience et se modifier momentanément par une sorte d'éducation.

L'intelligence chez les oiseaux est assurément moins développée que chez les mammifères, dont quelques-uns nous étonnent par les raisonnements qu'ils doivent faire avant d'agir; mais il est facile d'en constater l'existence dans une mesure assez large.

Nous avons à Nogent-le-Rotrou une Cigogne, libre dans un petit parc, et nous lui donnons quelquefois des croûtes de pain dur qu'elle ne peut manger, puisque son bec ne peut les écraser, mais dont elle est assez friande. Elle sait parfaitement bien que pour amollir ces croûtes il faut les porter à l'eau et attendre leur imbibition. Ce fait a tout autant le caractère de l'intelligence que celui cité par Plutarque, d'un chien qui, désirant boire de l'huile au fond d'un vase trop profond pour qu'il pût atteindre le niveau de l'huile, imagina, pour élever ce niveau, de laisser tomber des petits cailloux au fond du vase.

N'est-ce pas encore un signe d'intelligence que donnent les divers oiseaux que nous retenons captifs et que nous condamnons à gagner leur nourriture par diverses manœuvres assez difficiles, et qui consistent à tirer à l'aide d'une chaîne de petits seaux contenant la graine et l'eau qui leur sont destinées?

Mais l'oiseau le plus remarquable comme auxiliaire intelligent est l'Agami, de l'ordre des échassiers et voisin des Cigognes : par les services qu'il rend, par sa sociabilité et par sa soumission, il est comparable au Chien. Non-seulement l'Agami s'apprivoise aisément, mais il est, comme le Chien, éducable et affectueux. Il obéit à la voix de son maître; il le suit, reçoit ses caresses; il lui en rend ou le prévient; il les lui prodigue à son retour quand il a été absent; il paraît sensible à celles qu'on lui accorde; sa jalousie se manifeste envers ceux qui pourraient les partager, il chasse les autres animaux domestiques et poursuit même, dans les colonies, les nègres qui font le service. Seul, il s'éloigne sans s'égarer et revient chez son maître. Sans nous étendre davantage sur ces détails, qui reviendront plus tard quand nous parlerons de cet oiseau, disons qu'à Cayenne on confie à un Agami une bande de Dindons ou de Canards; qu'il les mène au pâturage dès le matin, les veille pendant la journée et les ramène le soir; on en a même élevé à conduire un troupeau de moutons. Dans la

basse-cour, il se rend maître : le matin, il fait sortir tous les oiseaux, et, le soir, il oblige les traînards à rentrer. Un autre genre
d'échassier, encore plus grand, de l'Amérique du Sud, le Ka-
michi, élevé en domesticité, est susceptible aussi des mêmes affections, doué des mêmes qualités, et rend les mêmes services
que l'Agami. Ce sont bien là les caractères de l'intelligence élevée à sa plus haute puissance chez un oiseau.

Tous les instincts industrieux, a dit un ancien auteur, tendent
à la conservation de l'individu et de l'espèce. Ils ne s'étendent
pas au delà des besoins sensuels. Ils ont en eux quelque chose
de plus que le simple empressement d'obtenir, ce sont les
moyens de parvenir à ce but. Aucune espèce n'a d'instincts inutiles ou superflus. Le mécanisme du corps des oiseaux, soit dans
les organes des sens, soit dans ceux du mouvement, a la plus
parfaite harmonie avec la perception reçue, et les conduit toujours à l'accomplissement spontané des désirs qu'elle fait naître.
Les instincts industrieux des individus de la même espèce, dans
l'état de liberté, agissent toujours d'après les mêmes règles déterminées, au moins en ce qui est essentiel ; des accidents peuvent seuls donner lieu à d'autres déterminations. C'est pourquoi
l'on n'aperçoit aucune différence dans les instincts industrieux
d'une espèce, quelle que soit la contrée qu'elle habite. Les générations présentes et celles à venir ne perfectionneront point les
instincts des générations passées ; mais aussi elles ne perdront
rien de la finesse de ces instincts. Enfin on trouve dans quelques
espèces l'instinct de faire un emploi déterminé de leurs organes,
même avant que ces organes soient développés ; par conséquent,
ce n'est point la possession de ces organes qui les engage à en
faire usage, mais le vif empressement de s'en servir démontre
qu'il est dans la nature de ces animaux d'en connaître l'emploi,
même avant qu'ils soient assez forts pour leur être effectivement
utiles.

Nous terminerons cette leçon par quelques mots sur la méthode de classification des oiseaux.

Les productions de la nature sont trop nombreuses pour qu'il soit possible de les bien connaître, si l'on ne parvenait à rapprocher les unes des autres celles qui présentent des rapports généraux et à grouper ensuite dans des divisions toujours plus étroites celles que des analogies plus évidentes doivent réunir. L'ordre qui s'établit alors assez facilement est indispensable pour pouvoir embrasser l'ensemble et saisir les différences.

Il y a deux moyens de classification : l'un artificiel, et qui ne prend pour base de ses divisions qu'un ou deux points de comparaison entre les objets qu'il faut classer ; ce moyen, très-commode parfois, mais aussi très-incomplet et donnant lieu à de nombreuses erreurs, est connu sous le nom de système, du mot grec σύστημα, qui veut dire assemblage; l'autre naturel, et auquel on a donné le nom de méthode — μετά, suivant, et ὁδός, route ou bonne route, — établit des divisions bien plus exactes en se basant sur des caractères tirés de l'ensemble de toutes les parties du corps.

D'après cette explication sommaire, il est facile de comprendre que les systèmes employés pour l'étude d'une branche quelconque de l'histoire naturelle sont toujours insuffisants, parce qu'ils ne servent à distinguer ou à grouper les corps que d'après des données incomplètes, isolées et par conséquent peu importantes, et surtout enfin parce que beaucoup de rapports essentiels restent méconnus; tandis que la méthode est l'expression la plus exacte et la plus complète des analogies et des différences que présentent les divers objets qu'on veut classer : les modifications principales les plus saillantes servent de base aux grandes divisions ou divisions du degré supérieur; et les modifications secondaires par ordre d'importance décroissante à celles des degrés suivants et inférieurs. Il y a, comme on le voit, subordination des caractères, puisque les grandes divisions sont établies sur l'é-

tude des parties les plus importantes des corps, et les divisions de
second, de troisième ou de quatrième ordre sur celle des parties
graduellement moins importantes. On admet les divisions suivantes : le règne, l'embranchement, la classe, l'ordre, la famille,
le genre. Toutes ces divisions peuvent elles-mêmes être subdivi-
sées, quand des caractères particuliers distinguent les corps qui
en font partie ; on dit alors la sous-classe, le sous-ordre, etc., etc.
Ces coupes ne sont en réalité que des abstractions qui servent de
jalons et facilitent l'étude en indiquant la réunion d'individus
groupés d'après les caractères communs qu'ils présentent et la
valeur décroissante de leurs analogies et de leurs différences.

L'*espèce*, dont nous n'avons pas parlé dans l'exposé qui précède,
est le dernier degré de la méthode. C'est, au point de vue zoologique, un type primordial transmettant tous ses caractères organiques par voie de génération. Lorsque des déviations légères,
mais permanentes, sont produites par le climat, la domestication
ou toute autre influence, on a la *variété*, qui peut n'être que pas-
sagère ou accidentelle. Sous le nom d'*espèce* on comprend donc
tous les individus produits de la même souche et identiquement
semblables. Le *genre* est le groupe le plus inférieur ; il se compose d'un nombre plus ou moins considérable d'espèces présentant des ressemblances de formes et d'organisation, et des différences permanentes de couleur, de volume, d'accessoires, mais
souvent sans importance et quelquefois peu apparentes à première
vue.

La *famille* est la réunion de genres que des analogies d'organisation, de formes et de mœurs, rapprochent les uns des autres.

Entre la famille et le groupe désigné sous le nom d'ordre, on
admet quelquefois une division intermédiaire qui n'est pas absolument indispensable, puisque les caractères d'après lesquels on
l'établit sont souvent très-accessoires ; mais elle est utile surtout
dans les ordres nombreux, parce qu'elle repose l'esprit en permet-

tant de reconnaître les rapports que plusieurs familles ont entre
elles. C'est la *tribu*.

L'*ordre* est une réunion de familles présentant entre elles des
analogies d'organisation frappantes et qui ne se retrouvent pas
dans les autres familles ; il comprend, par conséquent, tous les
animaux qui, comparés à tous ceux de la même classe, présentent
une différence saillante d'organisation et un aspect particulier.

La *classe* enfin est la réunion de tous les ordres et comprend,
par conséquent, tous les animaux d'un même type.

Si nous suivons maintenant une marche inverse, nous verrons
que le règne animal comprend tous les corps organisés animaux
et se divise en quatre embranchements, comme nous l'avons dit
au début de notre première leçon. Le premier de ces embranchements est composé d'animaux ayant tous des vertèbres, mais appartenant à quatre types différents et formant quatre classes distinctes : ce sont les mammifères, les oiseaux, les reptiles et les
poissons. Dans la seconde classe — oiseaux — se trouvent : 1° les
oiseaux de proie ou accipitres, 2° les passereaux, 3° les pigeons,
4° les gallinacés, 5° les gralles ou échassiers, 6° enfin les palmipèdes ou nageurs, formant six ordres bien reconnaissables.

Prenons le premier de ces ordres, et examinons la valeur de
ses divisions ; nous voyons d'abord que parmi les accipitres les
uns sont diurnes et les autres nocturnes. La forme du bec et des
pattes de ces oiseaux indique l'usage qu'ils peuvent tous en faire,
mais la différence de leur organisation et leur existence diurne
ou nocturne les sépare assez les uns des autres pour permettre de
subdiviser l'ordre en deux sous-ordres : accipitres diurnes, accipitres nocturnes. Le premier de ces sous-ordres se compose d'oiseaux ayant des habitudes bien différentes que traduisent parfaitement diverses modifications du bec, des pattes, etc. On a dû
alors former des subdivisions pour réunir tous ceux qui vivent de
proie morte et les distinguer de ceux qui attaquent et saisis-

sent une proie vivante : ces divisions ou tribus sont établies, l'une pour les Vautours, l'autre pour les Faucons et les Aigles.

Mais les Vautours, caractérisés surtout par la nudité de la tête et du cou, la forme et la force du bec, des ongles faibles et peu crochus, présentent cependant des différences essentielles : ainsi les uns ont des membranes charnues ou caroncules plus ou moins développées sur la tête et le cou : tels sont les Condors; les autres n'ont pas de membranes charnues ou n'ont que des plis de la peau sur la tête et le cou, qui sont couverts d'un duvet court et rare ; leur bec est plus fort : ce sont les vrais Vautours; d'autres ont le bec plus faible, plus charnu, plus allongé : ce sont les Cathartes; d'autres enfin, avec des habitudes analogues et la plupart des caractères de la tribu, ont, par exception, la tête et le cou couverts de plumes et la base du bec garnie de faisceaux de poils roides et durs : ce sont les Gypaëtes. Voilà les caractères principaux qui ont servi à l'établissement de quatre familles. La première de ces familles ne se compose que d'un genre — Sarcoramphe, comprenant deux espèces différentes, le Sarcoramphe-Condor et le Sarcoramphe-Papa. La seconde se compose de quatre genres et d'un plus grand nombre d'espèces, etc. A ces quelques mots sur la classification, nous ajouterons qu'on ne peut se passer de méthodes lorsque les objets à classer sont multipliés et que beaucoup se ressemblent et se confondent aux yeux de l'observateur. Elles ménagent le temps et facilitent l'étude, mais nous verrons qu'elles ne sont pas l'expression absolue de la marche suivie par la nature. Dans la leçon suivante, nous commencerons l'histoire des oiseaux de proie, accipitres diurnes.

TABLE DES MATIÈRES

DU TOME PREMIER

PARIS. — IMP. SIMON RAÇON LT COMP., RUE D'ERFURTH, 1.

www.ingramcontent.com/pod-product-compliance
Lightning Source LLC
Chambersburg PA
CBHW070533200326
41519CB00013B/3027